新建构

New Tectonics

迈向数字建筑的新理论

Towards a New Theory of Digital Architecture

刘育东
林楚卿

中国建筑工业出版社

目录

致谢

这是一本偏重理论的著作，主要针对2000年之后的“远东国际数字建筑设计奖”（Feidad Award）之得奖及受邀作品所做的详尽分析。“远东数字奖”是由远东企业集团“徐元智先生纪念基金会”所设立，这完全要感谢徐旭东董事长的远见及黄茂德执行长以及胡湘君、张亚琴两位助理这些年来不辞辛劳的主办；另外，也要特别感谢麻省理工学院William Mitchell教授对此奖项的鼓励和支持，他同意将他著名的《反建构：虚拟的诗性》*(Antitectonics: The Poetics of Virtuality)* 一文作为本书的序，为本书的导读提供了很大的帮助。

本书30个案例的挑选都是来自“远东数字奖”的作品，多位引领世界潮流的建筑师们这几年提供其杰出的作品，我们表达感激之情，他们分别是来自美国的Peter Eisenman和Greg Lynn、日本的伊东丰雄（Toyo Ito）、渡边诚（Makoto Sei Waranabe）和平田晃久（Akihisa Hirata）、挪威的OCEANnorth、荷兰的UN Studio、MVRDV及英国的Zaha Hadid。

我们也要感谢本书15个获奖作品的所有建筑师与设计师，其包括Adrien Raoul、Remi Feghali和Hyoungjin CHO（法国/黎巴嫩/韩国）；dECOi建筑事务所（法国／英国）；Bernhard Franken（德国）；Achim Menges（英国）；Mark Goulthorpe（法国／美国）；Simone Contasta、Andres Flores、Elena Bertarelli和Bidisha Sinha(英国)；Evan Douglis(美国）；Ali Rahim和Hina Jamelle（美国／英国）Guillem Baraut和Mattia Gambardella（西班牙／意大利）；HYPERLINK“http://www.mrgd.co.uk/” MRGD（英国）；Emmanuelle Bourlier、Andreas Froech和Christian Mitman(美国)；Brenna Buck和Rob Henderson(奥地利)；Philip Beesley和Robert Gorbet（加拿大)；长友大辅和詹明旎（日本／中国台湾）。由于他们对数字建筑充满创意的想象力与探讨，使得数字时代的建筑发展获得极丰硕的成果。

另外，从2000年一路走来，已有来自全球一百多位热情的建筑学者和建筑师们担任评审委员，他们在“远东数字奖”和本书中扮演相当重要的角色，在此，我们相当感谢他们的协助与贡献。

其中，在决选阶段的评审委员包括：Ben van Berkel + Caroline Bos

（荷兰）、Christian Bruun（美国）、Peter Eisenman（美国）、Reed Kroloff（美国）、Greg Lynn（美国）、William Mitchell（美国）、Marcos Novak（美国）、Jesse Reiser（美国）、Jacob van Rijs（荷兰）、Gerhard Schmitt（瑞士）、Birger Sevaldson（挪威）、渡边诚（Makoto Watanabe 日本）和吉田信之（Nobuyuki Yoshida 日本）。

第二阶段评审委员包括：Alfredo Andia（美国）、Marco Brizzi（意大利）、张基义（中国台湾）、Mark Clayton（美国）、Richard Coyne（英国）、John Gero（澳大利亚）、徐旭平（中国台湾）、Wassim Jabi（美国）、Yehuda Kalay（美国）、Edward Keller（美国）、Branko Kolarevic（美国）、Thomas Kvan（澳大利亚）、Bob Martens（奥地利）、Mitsuo Morozumi（日本）、Rivka Oxma（以色列）、潘云鹤（中国）、Gregg Pasquarelli（美国）、William Porter（美国）、Antonino Saggio（意大利）、已故的 Tsuyoshi Sasada（日本）、Dean Di Simone（美国）、Deborah Snoonian（美国）、曾成德（中国台湾）、邹经宇（中国香港）和卫兆骥（中国）。

第一阶段评审委员包括：Henri Achten（荷兰）、F Rodrigo Garcia Alvarado（智利）、Felipe Assadi / Francisca Pulido（智利）、Julio Bermudez（美国）、Massimo Bergamasco（意大利）、Michael Berk（美国）、Anand Bhatt（印度）、Andy Brown（英国）、Chiu-Shui Chan（美国）、陈珍诚（中国台湾）、Nancy Cheng（美国）、简圣芬（中国台湾）、邱浩修（中国台湾）、邱茂林（中国台湾）、Araya Chougrajank（泰国）、Bharat Dave（澳大利亚）、James N. Davidson（美国）、Dirk Donath（德国）、Wolfgang Dokonal（奥地利）、Weimar Dirk Donath（德国）、Maia Engeli（瑞士）、Thomas Fowler（美国）、Paola Giaconia（意大利）、Fabio Gramazio（瑞士）、顾景文（中国）、Daniel Herbert（美国）、Hannu Penttila Helsinki（芬兰）、Urs Hirschberg（奥地利）、Jeffrey Huang（美国）、Yoich Itai（日本）、Adam Jakimowicz（波兰）、郑泰升（中国台湾）、吉国华（中国）、Jin Won Choi（韩国）、Brian Johnson（美国）、Atsuko Kaga（日本）、Joachim Kieferle（德国）、Kevin Klingerb（美国）、Mike Knight（英国）、Alexander Koutamanis（荷兰）、赖怡成（中国台湾）、Uffe Lentz（丹麦）、李建成（中国）、刘舜仁（中国台湾）、Gustavo J. Llavaneras S（委内瑞拉）、Ganapathy Mahalingam（美国）、Malcolm McCullough（美国）、Javier Monedero（伊比利亚半岛）、Masashige Motoe（日本）、Ryusuke Naka（日本）、Supriya Nene（印度）、

Ami Ran（以色列）、Manit Rastogi（印度）、Cristian Gomez Ribba（智利）、阮庆岳（中国台湾）、Andy Roberts（英国）、Pedro Soza Ruiz（智利）、Marc Aurel Schnabel（澳大利亚）、Thomas Seebohm（加拿大）、Yuichi Shimokawa（日本）、Alfredo Stipech（阿根廷）、Tan Beng Kiang（新加坡）、Lisa Tilder（美国）、Carmina Sánchez del Valle（美国）、Stephen Wittkopf（新加坡）、Jerzy Wojtowicz（加拿大）、吴光庭（中国台湾）、Shigeyuki Yamaguchi（日本）、虞刚（中国）和 Tadeja Zupancic（斯洛文尼亚）。

另外，我们的交大毕业生高菀屏同学在她做硕士论文时，就开始探讨数字建构，是本书开始的契机，而交大的曾成德教授也向我们提供他对建构（tectonics）的深厚见解，在此特别感谢他的友情分享，我们要感谢长期以来提供学术支持的教授同事，包括交大的张基义、侯君昊、叶李华、邱文杰、龚书章及亚洲大学的陈俊宏、林盛宏、周玟慧、伍小玲、蔡明欣、罗书宜、吴彦良、陈琼慧、谢宗哲、郑夙恩、陈慧霞。我们也要感谢台北田园城市文化事业出版社与北京中国建筑工业出版社为我们完美地顺利出版这本书和林银玲小姐高艺术水平的美术设计。

我们也感谢下列助理们对本书出版所做的行政协助，其中包括亚洲大学的曾意惠、陈奂妤、吴怡玲和王孝慈及交通大学的林怡加、曾钰乔、蔡易霖、蔡雅米、徐静、杨小慧、谢书卿、赖淑燕和许菁芳。

同时，我们特别要感谢亚洲大学创办人蔡长海教授，长期对我们在研究上与创作上的支持与鼓励。

当我们开始想出版本书时，Birkhäuser 的 Ruh Ulrike 提供我们很多历史性的观点和见解，很感谢她给予我们长期的支持与具体的建议。另外，交大 *Aleppo*ZONE 设计成员们——李元荣、邵唯晏、赖德、连家庆、林柳吟、梁凯翔、程家伦、施胜诚、施文礼、谢淳钰、黄郁钧，由于他们的努力和投入，使得我们能拥有这么多杰出的作品，对于他们的贡献，我们相当感激。最后，我们交大的陈姿汝和郭圣荃同学，由于他们的合作，使得本书能顺利完成 30 案例的分析，尤其我们想要特别谢谢姿汝，没有她，就没有本书如期的出版。

刘育东 · 林楚卿

序
共创美丽数字新世纪

徐旭东
远东企业集团董事长

现在大家都在热烈讨论“纳米”，很难想象当初纳米科技发展的缘起，是由科学家的“预言”所衍生的。如今从半导体到民生用品、建筑材料、药品等，到处都看得到纳米技术的应用，正是“数字”时代中，一切事物变化快速的再次应证。身处数字化的新世纪，过去的预言都有可能实现，因此对于潜力无穷的未来，我们实在需要随时掌握脉动，不断努力探索。

有鉴于台湾拥有如此丰富的高科技经验，建筑界也一直在摸索探究未来建筑的潮流，因此“远东建筑奖”决定举办全球仅见的“远东国际数字建筑设计奖”，引领世人持续探讨人类未来生存可能的发展空间，在国际间展现对跨入新世纪的使命感与企图心。

而为迎接美丽的新世纪，远东企业集团秉持不断突破与创新的精神，共创丰富精彩的人生。远传电信是台湾整合行动通信服务的领导者，致力于提供行动通信与互联网整合性服务。远东国际商银也是新银行中第一家获得财政部核准合法开办的行动银行业者。集团旗下的宽带固网公司新世纪资通速博，更带领民众进入无远弗届，宽带网络的通信新世界。为国人开拓更新颖、更现代、更信息化的生活，创造更舒适、更便利、更科技化的生活环境。

“数字建筑设计奖”，主要将数字建筑的涵盖层面，由建筑专业设计扩及艺术和媒体工作者，包括影像设计者、产品设计者、计算机专家、电动游戏设计者、电影制作者及科技小说家等，展现以“数字时代的未来空间”（future space in the digital era）为主题，各式各样的虚拟设计。

令人高兴的是每年都会收到来自将近三十个国家，一百多件的报名作品外，更邀请到来自四十余国杰出的评审，踊跃的国际参赛者以及阵容坚强的评审团，携手为“远东国际数字建筑设计奖”缔结出令人惊艳的成就与荣耀。

由此可见虚拟建筑与多媒体的结合，可以激荡出对于“数字时代的未来空间”的各种可能想象。这是让人欣喜的尝试，往后本奖希望创造出更多激发世人想象的元素，汇集这些“想象”，相互激荡，再加上“纳米”时代的来临，未来世界的可能发展与变化，更加耐人寻味，值得期待。

“国际数字建筑设计奖”自 2000 年首办，至今能在国际间树立名声且广获肯定，需要感谢多方人士的鼎力相助。首先要感激城仲模、汉宝德及亚洲大学副校长、交通大学建筑研究所教授刘育东所给予的宝贵指导与协助，也要感谢许多协办单位、评审委员、媒体及各界的热心参与。

有这么多朋友和我们一起为这个深具意义的奖项共同努力，全力提升全世界的建筑设计及创意，相信一定能让今天的诸多“想象”，超越“预言”的层次，成为具体可行的事实，为世人创造更舒适便利的生活空间，带领我们一起迈入先进美丽的新世界。

序
反建构：虚拟的诗性
Antitectonics: The Poetics of Virtuality

William J. Mitchell*
麻省理工学院建筑学院与媒体实验室教授

以 Kenneth Frampton 本身所著的《建构文化研究》(Studies in Tectonic Culture）一书为例，它又厚又重，当你将它投入图书馆的还书口时，其会重重地砰然落下。它主要的结构是以胶牢牢粘住约一英寸宽的书脊，而装订在书脊上的书页又厚又光亮，它们会在你的手指底下快速翻动，并啪的一声直接合上。网格线划分得极其严密，其间填满了图形板块及 Helvetica 字体的文字区块，这很明显地让它看起来像是一本复古的现代主义风格（retroz-modernist）之书籍。外部覆盖了一层精美考究的灰色布料，并于表面进行雾面处理，而这些元素的裁剪及连接处都相当精准，其生产的流程耗费了许多原料及能源，而且必须使用一些非常精密昂贵并能进行大量生产的机器，当这些加工处理完成后，即会制作出成千上万个一模一样的工业产品，有的会被放入仓库里，有的会被货车运送到书店，并以 50 美元的单价来贩卖。它是一件高质量的工业时代产物，封面上精美的印刷文字印上出版社地址——马萨诸塞州剑桥市（Cambridge, Massachusetts）——的信息，宣告本书是在美国进行印制及装订的。[1]

然而相对于书本，光盘是以非物质且无重量的比特（bit）所组成的。[2]这些比特并非附着于某些特定的实质基体上，而是能自由地在各种媒材之间转换，它们能够顺利地储存在光盘、Zip 磁盘、个人计算机的硬盘或随机存取内存（RAM）中，且任何人也都能随时方便地复制出一份备份，而不须花费任何成本，透过网络，这些备份几乎可以同步传送至世界上的任何角落。没人在乎（或多半是没人知道）这些信息的实体组织结构是如何储存在上述任何一种的储存装置中，反倒是其逻辑结构较能引起注意，格式并无一定，你可以将一份备份加载编辑程序中，并随意变更它的配置与编排方式，这样做还能大大减少树木的砍伐量。

这种对比说明了发生在构思、制作及使用的工业产品（包括建筑作品）正出现根本上的巨大转变，这个转变暗示着我们可将《建构文化研究》这本书视为一部挽歌，就如同对 Auguste Perret、Frank Lloyd Wright、Louis Kahn、Carlo Scarpa、Mies van der Rohe 等其他 Frampton 所曾论及的大师们之论述表达我们的致敬及缅怀，而这可能不是本书原本所要表达的主张。

材料性／虚拟性（Materiality / Virtuality）

Frampton 并不否认建筑的体量特性，但他想要反抗现代主义者将“建筑的体量特性必然得透过建构及结构方式才能得以实现”[3]这个理论加以边缘化的做法，但令人感到讽刺的是，他在那个时候却选择采用安抚传统主义者的方式，偏颇地支持上述“必然”的论点，而这种前卫的想法可说是与此论点彻底地背道而驰，甚至可以说是一种正负两极的对立情况。

当然，我是指利用沉浸式虚拟现实来建立完全不同于实体建造、体量和其触感的空间体验（或是，我举较不夸张的例子来说，假如你不能或者不想让自己沉浸在电子空间中，你只需盯着计算机屏幕框里的虚空间就能大致模拟出这种经验，就好像是镜框式舞台所框住的舞台空间一样）。有了这项科技，你就能走过或飞越虚拟的风景和建筑，并毫无阻碍地穿过任何封闭的表面，甚至能够看见以虚拟形貌呈现的居民。因为不需要转换任何媒材，所以每一个表面外观都不会随着时间而退色或风化，且空间的形式和关系不一定都是固定不变的，设计师可透过程序的设定，将它们搬移并重塑成各种想要的样子。

然而，崇尚虚拟空间者刻意将“少即是多”（less is more）这个观念过分地发挥到极致，由于它们并非立基于土地上，所以完全不用考虑到 Gottfried Semper 视建筑四大要素的第一要素——“基础”（earthwork）[4]之可能性，它们也不需要考虑第二要素——“壁炉”（the hearth）或甚是第三要素——“屋架与屋顶”（the framing），而剩下来的也只有 Semper 第四个被高度淡化的要素——一个举无轻重的“围合表皮”（enclosing membrane）。

在这个全新的建筑领域中，连接（joint）根本就无所谓（因此，大概就没有所谓 Scarpa 的网络空间）。所有建筑表皮都没有厚度，且可精确地接合在一起，你不需使用钉子、螺钉或胶粘剂，不必迁就于材料的改变，天气因素的考虑亦是多余的。简单说，对于细部的巧夺天工之处（或造物主的创造物）并没有任何发挥的余地，这完全是一个以空间和表皮为游戏规则的领域。

过去我们所依据的建筑理论在这里完全派不上用场，由于虚拟空间是无重力的状态（除非利用程序刻意仿真它的存在），因此重量与载重并不是决定组件尺寸、形体和比例的基本因素，结构表现及结构可靠（structural honesty）的概念在此完全不具任何意义。的确，上和下或水平和垂直元素之间，在此确实没有必然的差别，此外，你还能忽略模块化（Modulor）的概念，在网络世界里，物体只是一种能任意缩放其比例大小的虚拟体现。

然而虚拟空间并不像有形的建筑结构体般，会改变某个特定地点的样貌，如Jφrn Utzon所设计的悉尼歌剧院，它大大改善了本纳隆角(Bennelong Point）与悉尼海港（Sydney Harbor）的风貌，让人留下难以磨灭的印象。但相反的，虚拟空间能重新建立特定的实体环境，并取代计算机所建构的任一空间，且只要网络和设备允许的情况下，就能随时随地加以举例说明。

材料实现／电子实现（Material Realizations/Electronic Realizations）

而被去实体化概念所困扰的人，包括拘泥于唯物论字面意思的马克思主义者（Marxist）、一心追求真相的本雅明主义者（Benjaminist）、汲汲于牟利的房地产开发商、只崇尚美好事物的马莎 · 斯图尔特主义者（Martha Stewartist）等这些人，可能想要否定这样建筑状态的地位，他们可能会宣称这是另一种类型的东西，且生产及使用则属于一种既与之不同且相互矛盾的论述。或许是如此，但令我怀疑的是，如此鲜明对比的区分是否能站得住脚，因为现今科技不仅能从虚拟空间挪出实体空间，也能从实体空间挪出虚拟空间了。

试着回想，如目前有许多建筑（多半为大型建筑物）都是在3D计算机辅助设计（CAD）系统上进行设计的，如此可在施工前先以虚拟的方式参观这些建筑；而若是对于已经建造完成的建筑物，使用符合的电子传感器，你可以精准地撷取到实体对象与空间的3D数字模型。因此，至少我们必须承认，透过对虚拟空间的探索，实体空间的建造方式获得了调解，而且这个实体空间可能具有数个与之对等的虚拟空间。

当然，这些相互配合的应用各有不同目的，这种改变会影响工业产品的特性和角色，有些虚拟空间是用来作为实体空间的一种快速且低成本的前期结构体（precursor），因此，它们扮演一个让建筑师和业主进行事前评估的预测角色，其目的是为了尽可能真实地模拟出对预期材料实现的实际体验。

就像Kent Larson的例子一样，他将Louis Kahn尚未建造完成的Hurva犹太教堂（Hurva Synagogue）完美地利用电子实现的方式重新诠释出来，电子作品的数字空间取代了材料实现的呈现方式。在此，数字化的作品可能被视为需要与实际情形相反才可以成立，也就是说，如果这栋建筑物被建造出来的话，那它应该就要像这个样子，否则的话，你可能认为它只是属于不同实现方式中的一个替代方案而已，这很像是运用现代的乐器来演奏中世纪的乐曲一样，或是在现今的舞台表演方式下来演出《哈姆雷特》（Hamlet）这出戏剧，更甚是利用广播或影片的形式来呈现。

而相反，从现有的实体建筑中所建构出来的数字实现，尚依附在材料的前期结构体（precursor）之下，数字化的作品就像是照片或测绘图一样，方便我们可以从其他的地点进行检视，且还能在紧要关头时，利用“快照”（snapshot）的方式将之保存下来。

而随着以提供居住空间及体验为设计初衷的虚拟空间如雨后春笋般地出现后，从来就没有任何有关实体化的问题，就拿许多使用虚拟现实（Virtual Reality，VR）的游戏和云霄飞车为例，有时就是为了要营造出在真实世界所不可能实现、如戏剧般的空间体验，例如在美国拉斯韦加斯的 Luxor 金字塔酒店，有一座出自 Douglas Trumbull 所设计的声光式云霄飞车，它就是虚拟实境的典型先驱，它会带你极速“飞越”充满虚拟“实体”的复杂三维空间，让你面对障碍物的冲撞及反弹时，感受到加速度、冲击力与战栗感；又或者，如个人计算机的“桌面”和在线虚拟世界的社群空间更常采用隐喻的手法，呈现出传统建筑的形式（常以欠缺想象力且造假的手法），让使用者更容易根据熟悉的线索去操作。

如果要以理论的方式对上面各种可能性加以说明的话，最合理的说法，看来就是将它解读为“实体制造”（physically fabricated）及“电子造影”（electronically imaged）这两种形式，只不过是借不同的方式，呈现出由同一组绘图或数字模型所诠释的建筑作品。就好像不同的表演者利用不同的乐器，在不同的表演中，阐释相同乐谱的音乐作品一样。[5] 有些建筑作品可能未经实现（realization），即作品尚未建造，有些可能有一个，有些则可能会有许多个，另外，有些可能只有材料实现，有些可能只有电子实现，而有些可能两者兼而有之。假如原本就有打算进行材料实现的话，那么数字模型应该正确地反映出实际操作上的限制，和对材料与建造过程的帮助，但如果只打算表现出电子实现的话，那么应用于虚拟空间的逻辑限制则会较少。

手工艺 / 计算机辅助设计与制造（Craft / CAD / CAM）

随着计算机控制制造机器的推行，实体化与电子化之间的分野愈来愈模糊，你只需使用 3D 数字模型，就能控制各种符合你当下目标的机器。这些机器界定了一连串的可能性，就拿一个最极端的例子来说，阴极射线管屏幕利用电子束来激发涂有磷光剂的表面，成功地显示了快速、短暂且低成本的实体化结果；然而激光打印机的做法是使碳粉微粒沉淀在纸张表面上，所花的时间较长，并且会消耗掉一些原料，但保存的时间较久，成本也较高；至于计算机控制快速成型（computer-controlled rapid-prototyping）装置，如立体印刷（stereolithography）机，则是将固体微粒沉淀于空间中所指定的位置，最后会得到一个小型 3D 对象，但是这种方式更加耗时，而且所费不菲；而在更大规模的作业中，各种 CAD/CAM 装置（如计算机控制切割机、成型机、铣床与折床等）可自动将数字模型转换成等比例的建筑组件，就像 Frank Gehry 近期的作品——西班牙毕尔巴鄂古根海姆博物馆——就是一个十分成功的例子。[6]

随着工业产品在计算机屏幕上进行设计，并透过某些计算机控制装置生产出来，传统地方性的工艺技术不再是设计师在探讨设计可行性时的重要因素了，反而着重在 CAD 软件与其生产装置，如今，你可以从平面设计更清楚地发现这一点，在平面设计的诸多操作环境中，如印刷刊物的设计目前在某一层面上，受到激光打印机的基本物理功能所限制，而在更进一层面上来说，是被控制这些打印机的 Postscript 程序语言之结构所限制，甚至再更往上一层的话，是受限于如 QuarkXPress 等排版软件所提供的功能。[若说工业时代创造出网格（grid）和 Helvetica 字体的话，数字时代则造就了《*Émigré*》和《*Ray Gun*》这两本杂志。] 在产品设计方面，CAD/CAM 设备的性能、控制这些设备的程序语言能力以及 3D CAD 软件的操作能力，这三者可能扮演了类似的角色，且在早期的建筑 CAD 软件开发过程中，软件开发者往往透过当时常用的工业化组件制造系统，来建立软件的字汇系统和句法属性。

在一般情况下，CAD 程序和 CAD/CAM 设备所提供的塑形与编排这两种工具之间，通常存在着复杂的交互关系，举例来说，实体建模软件提供了“扫掠”（sweep）这个指令，直接反映了传统制造过程的操作，如融熔塑料塑出成型和钢板滚出成型等，另外软件的“挤出”（extrusion）指令，如传统制造的车床和拉坯轮车等，以及软件的“材质”功能，如传统的弯扭夹板或金属薄板的直纹表面等。另一方面，由于多轴铣床、立体成型机及其他进阶型的 CAD/CAM 设备，对 3D 成型有些许的限制，因此由 CAD 系统所提供的工具，成为设计师正式作品的主要决定因素。为此，当生产机械设计师试图制作出更具弹性的设备时，CAD 软件设计师则企图做到机械所提供的生产功能，这是为了能够在一个特别指定的 CAD 系统下，制作出任何物件，也因此，双方正在进行一场这样的技术对谈。

而在这种由机器所主导的论述之下，我们顿时发现，长期被视为必要条件的组成要素，反而看起来有些过于独断。复杂曲面的制作难度，可能不会比平面、圆柱、球形和圆锥等的表面还要高，那为什么古典建筑非得自限于几何形体不可？各式各样的变化也许就像模块化一样可行，我们何不将网格、重复和对称等设计原理抛诸脑后？ 3D 对象的构成及操作可能真的像 2D 对象使用平行仪、三角板和圆规一样简单，平面图不再是 3D 对象的产生器，而剖面图可能也无法提供我们太多的信息，算法所产生错综复杂的结果，变成几个简单且设计师容易了解的替代方案，而这种基因组（genome）逐步扩展的构想，逐渐取代了传统的*主体图像（parti）*。

的确，传统的词汇及构成规则也许有其基本的道理在，但相反的，这些词汇与规则最后反而可能被视为一套由过时的技术所堆砌出来的陈规。

本地 / 全球（Local / Global）

数字革命不仅正在改变建筑设计的本质，也让建筑作品的地点出现变迁，而这种变化也重新界定了建筑作品与特定区域文化之间的关系。

以前我们若问某人工制品的原产地在哪里并同时期待得到一个明确的答案，这完全是合情合理的，工艺师拥有他们自己的工作坊，并在那里设计及制作自己的产品，他们使用当地的原料来制造组件，也自行组装这些组件。但我现在用来打字的这部笔记本电脑，它的制造方式可就相当不同了，虽然上头印的是一家硅谷（Silicon Valley）公司的名称，但产品的装配生产线其实是在台湾进行的，要是你打开这个灰色的塑料外壳就会发现，标示在每个组件上的工厂名称及所在地竟是散布于全球，同样的，像主板这种次组件也是在许多不同的地区组装完成的。另外，各种软件的设计也是来自加利福尼亚州的库佩蒂诺（Cupertino）、西雅图、剑桥、悉尼及其他更多地区，而软硬件组件及子系统的设计与整合工作，则是在无数个多半不知名的地方进行的，它们上头印的是品牌名称，而非工艺师的署名，你无法说出这是谁或是在哪里制作的，它真正是一项全球的产品。

迄今为止，虽然像电子设备这种相对较小、高附加价值的工业产品，其全球化的制造方式极其明显，而建筑物的建造方式也渐渐受到了影响。在传统的作法中，建筑物都是使用当地经济所能负担的建材和方法，在现场进行设计与建造的，由于分工变得更加精细，建筑师超越工艺师的工作形态，建筑师们可在第三地进行设计工作，并透过交易的方式获得其他地区的建材和组件，而不需在当地自行制造。随着工业革命的发展，许多建筑师得以开发国内与国际的业务，他们由为数较少的专业工厂负责制造建材与组件，然后透过道路、铁路及海路运输系统分送到世界各地。然而随着计算机与电信革命的发展，让跨国设计与营造团队得以有效地建立，在美国洛杉矶的建筑师可和位于芝加哥与伦敦的工程顾问、东京的总承包商以及遍布全球的组件制造商，共同在上海建造一栋新的建筑物。这样的团队极具竞争力，因为它能突破地域的限制，将最顶尖的专业技术聚集在一起，进入全球最具吸引力的劳动市场，并使用高度专业化的制造技术与机械设备。

想在这种环境下成功作业的建筑师，他们除了必须了解当地特殊传统技艺的知识外，也需要知道全球目前有哪些专业技术和制造方式以及全球的劳动市场与资金流向，而非只是了解当地的成本。此外，还要具备支持跨领域、跨国界的团队合作之能力，他们必须能够与散于各地之材料、组件及子系统等不同领域的设计师同心协力，并逐渐与自己的设计工作整合。

当然，因地制宜仍旧相当重要，但因应的方式必须有所不同，通常都在全球各地进行设计与制造，并在当地组装完成！

立面 / 界面（Facade / Interface）

数字科技也改变了建筑的建造方式，建筑既为人类的避风港，也作为一种符号。数字科技的引进，开启了彰显建筑符号角色的新方式，建筑基本构造的重建，可与人工光源成为自然光的替代品之后作一对照。

Robert Venturi 为此提供了一个精辟的见解，在几十年前，他和其助理触怒了那些墨守成规而陷入泥沼的现代主义者，因为他指出我们应该向美国的拉斯韦加斯看齐，而非自负地对其嗤之以鼻，那些沿路耸立的电子招牌，已经有效地取代了更多兼具建筑装饰和象征性的传统广告牌，而这种角色的分歧，为我们提供了一个新的建造建筑物的思考方式。时代于是改变,时代广场（Times Square） 开始起用超大型电视屏幕（Jumbotron），电子设备逐渐取代霓虹灯，而 Venturi 对此提出了非常适当的新思维，他在以“Sweet and Sour”为标题的宣言中强力主张，“计算机像素（pixel）的发光亮度足以媲美镶嵌片（tessera），而 LED 灯也能成为现代的马赛克(mosaic)。”他并想象，“将建筑想象成一种从其表面发出数字影像的图像表现方式，而不是一种只在白天借其表面反射光线的抽象形式。”并为其作出结论：“1910 年的工业革命带出了 Fagus 制鞋工厂的风格，然而建筑界却太晚肯定这一点：且让我们跨越结构工程，及时接纳当今的数字影像这项科技吧！让我们认清信息时代的电子革命，并自诩为反图像崇拜主义者(iconoclast）吧！虚拟建筑，‘近乎’万岁！”[7]

Venturi 不改其一贯风格，话中的“近乎”略带挖苦的意味，这项挑战有趣的地方在于不光只是以位取代原子，或以远程呈现（telepresence）代替亲临现场，而是向 Luxor 金字塔酒店及 LED 灯学习，并以严谨而周延的方式，解决实体与虚拟之间那既微妙、复杂且又不确定的关系，而目前已经渐渐浮现出几种可达成此任务的不同作法。

Venturi 自身也回到古埃及、早期基督教、拜占庭与巴洛克等将图像铺盖在建筑表面的传统,大力宣扬装有动态电子装饰的“电子遮棚”(electronic shed）装置，如他为哈佛纪念厅（Harvard's Memorial Hall）所建的一个动态的 LED 中楣，以及他在参与位于德国勃兰登堡大门（Brandenburg Gate）旁的新美国大使馆竞图中，设计了一个 LED 板的建筑立面等。

而在另一方面，比尔 · 盖茨（Bill Gates）则将电子显示器视为可重新配置的虚拟窗口,他在位于美国华盛顿湖（Lake Washington）的豪宅中，规划了“24 个影像监视器，长宽以 4 乘 6 的矩阵方式堆栈，每个屏幕均采用一支 40 英寸的显像管。而这些屏幕会同时显示大型的艺术作品、休闲娱乐或作为商业应用。我曾希望这些监视器在没有使用的时候，能悄悄地隐没至木制的室内家具中，因此想要让监视器的屏幕显示成与周围环境融为一体的木纹图案，但很遗憾的是，我无法利用目前的科技来达到这个目标，因为屏幕是会发射光线的，而真正的木材却会反射光线，所以我只好退而求其次，也就是在不使用的时候，将它们隐藏于木板后方。”[8] 另一种情境是："假如你计划不久之后要到香港旅行，你可能在你房间的屏幕上显示数张关于香港城市的照片，你会觉得这些照片好像随时出现在房间的各个角落，但其实这些照片是在你走进房间之前，会先在房间的墙壁上显像，并在你离开房间之后就会消失了。"

但上述这些都是表面上的了解，我们可以更根本地认知到，居住牵涉建筑物与居住者之间不断的对话，而电子设备的引进，使我们不得不重新思考这种交互方式，从门把到地板，建筑的任何一部分如今都能嵌入感应器，相反地，从灯具到车库大门，任何的动态组件都能由计算机来控制，所有的对象都能利用网络彼此链接，并装配上处理器和内存，进行程序设定后，您就可以读取显示器并操作这些装置了，或者你也可以在建筑网络与身体网络之间，只做上传及下载的动作，忽略计算机网络与结构之间的差异，则接口即变成建筑，建筑成为了接口。

在这种情况下，基础结构与接口是最为关键的要素，建筑物仍旧需具备支撑的结构和围合的表面，但要特别使上述的电子设备成为建筑的主体，并坚持由它们来载携大部分的文化内容，这就好像想要独厚个人计算机的机壳与传统的米色机箱一样，是行不通的。

建构／电子学（Tectonics / Electronics）

电子学是当今显学，而建筑团队可能会面对一个与之愈来愈脱节的新局面，成为一群抗拒电子学的小众团体，坚持捍卫实体化（materiality），并实践现代派的复古主义，此举也将使潜在的客户对其避而远之。理论家也可能会以哲学家 Martin Heidegger 的学说自我安慰，并高傲地写出任何与科技有关的蔑视文字。但如果重整我们的世界观的话，让建筑组成与构造这些令人枯燥乏味的教条走入历史，则会提高生产力且肯定有趣得多。在此，为有意尝试的人，提供以下我的十大检查清单：

走入历史（RETIRED）	***重整（REWIRED）***
建构（Tectonics）	电子学（Electronics）
工艺技术（Craft）	计算机辅助设计与制造（CAD/CAM）
手工器具（Hand tools）	软件（Software）
地方传统（Local tradition）	全球化组织（Global organization）
立面（Facade）	界面（Interface）
装饰品（Ornament）	电子显示器（Electronic display）
Helvetica 字体（Helvetica）	*Émigré* 杂志（*Émigré*）
主体图像（Parti）	基因组（Genome）
永久性（Permanence）	可重组性（Reconfigurability）
向 Luxor 金字塔酒店学习（石造）（Learning from Luxor（stone））	向 Luxor 金字塔酒店学习（虚拟现实）（Learning from Luxor（VR））

注释

1.*《建构文化研究》*(Studies in Tectonic Culture),Kenneth Frampton 著,美国马萨诸塞州剑桥市:MIT 出版社,1995 年出版。

2.*《我的数字城市》*(My City of Bits),美国马萨诸塞州剑桥市:MIT 出版社,1995 年出版。这本书同时提供精装版和网络版两种版本,是一种混合体的出版品。不过,出版商对仅提供网络版有增加的趋势,如我再也不必拿着又大又重的牛津英语字典(Oxford English Dictionary)查阅,只消上网搜寻至麻省理工学院图书馆(MIT library)所提供的在线版本即可。

3.*《建构文化》*(Tectonic Culture),Kenneth Frampton 著,2。

4.*《建筑四要素与其他著作》*(The Four Elements of Architecture and Other Writings),Gottfried Semper 著,Francis Mallgrave 与 Wolfgang Herrmann 译,英国剑桥:Cambridge University 出版社,1989 年出版。

5. 源自于 Nelson Goodman 所引发的辩论。参见*《艺术的语言》*(Languages of Art)第二版,Nelson Goodman 著,印第安纳波利斯:Hacket 出版社,1976 年出版。

6. CAD/CAM 是计算机辅助设计(Computer-Aided Design)与计算机辅助制造(Computer-Aided Manufacturing)的缩写,有关本技术在建筑方面的应用介绍,请参见 William J. Mitchell 与 Malcolm McCullough 合著的*《数字设计媒材》*(Digital Design Media)第二版,纽约:Van Nostrand Reinhold,1995 年出版,417-440 页。

7.*《图解与电子化:基因建筑》*(Iconography and Electronics: Upon a Generic Architecture),Robert Venturi 著,美国马萨诸塞州剑桥市:MIT 出版社,1996 年出版,5。

8.*《拥抱未来》*(The Road Ahead),Bill Gates 著,纽约:Viking,1995 年出版,第 10 章:Plugged In at Home,205-226 页。在本书中,比尔·盖茨用下面这句话揭开序幕:"我家是由木材、玻璃、混凝土、石材所建成的……我家也是用硅和软件所盖成的。"

***William J. Mitchell**

麻省理工学院建筑学院与媒体实验室教授,美国艺术与科学院(American Academy of Arts and Sciences)院士,Alexander W. Dreyfoos, Jr. 讲座教授,目前指导媒体实验室(Media Lab)Smart Cities 研究团队,曾为麻省理工学院的建筑与规划学院(School of Architecture and Planning)院长和媒体艺术与科学学位学程(Program in Media Arts and Sciences)主任。

1. 绪论——浮现中的数字建构

Introduction : Emergent digital tectonics

建构（tectonics）一词源自于希腊语 tekton，意指木匠或营造者，后来延伸到具有制作过程（process of creation）的意义，并且泛指艺术创作，涵盖了技艺、方法、材料、甚至观念。19 世纪德国学者 Botticher（1852）开始在建筑领域中谈及建构的角色，认为建筑具有“中心及包覆”（nuclear and cladding）两部分，而外部包覆必须反映出内部的中心本质，同时提出“局部与整体”（part & whole）的观念。之后，另一德国学者 Semper（1951）继承自 Laugier（1753）的论点，将建筑由构造方式分成四种类型——基础、壁炉、屋架与屋顶、围合表皮（enclosing membrane)；另外，Semper 强调“连接”（joint）是建筑物形成时最重要的建构因子，同时也是区分不同材料的构成方式，例如，木、钢等材料的屋架建构（tectonics of the frame），以及石、土、混凝土等材料的基础砌筑（stereotomics of the earthwork）。

20 世纪研究者基于上述经典的建构理论，继续提出他们的观察。Sekler（1957）以实际案例区分出“结构”（structrue）、“构造”（construction）及建构三者间的关系。Vallhonrat（1988）依据 Sekler 的看法，讨论结构与构造技术对建构的影响。Gregotti（1983）认为“细部”（detail）是材料与构造的准则，并以安藤忠雄，Stephen Holl，Mario Botta 等建筑师作品说明，构造的方法经常就是建筑意义的表现方法，而且，结构经常来自材料本身的细部推敲。同样的，Frascari（1983）也指出建筑意义来自构造的发展，他反对以技术控制细部，而主张细部设计是一种创新的思维、一种判断力的运用。除此之外，Frampton（1995）更延伸批判地域主义（critical regionalism）的论述、同时也继承 Semper 的学说，强调结构中的“连接”是最根本且最小的元素单元，接着他更将建构定义为建造的诗学（poetics of construction）（Frampton，1990，1995）。

建构与反建构（Tectonics vs. Antitectonics）

近年来针对建筑设计与构造的数字化过程（digital process of design andconstruction），Mitchell（1998）首先认为传统构造与数字构造的基本元素及过程都截然不同，甚至是相对立的，并提出“反建构”（antitectonics）的概念来扩大传统设计与构造在数字时代的定义。除此之外，Cache（2002）认为 Semper 思考的是当时新工业发展下，从事建筑生产所需的解决方案，然而处于数字时代的今日，计算机也提供了另外一种新生产方法与解决方案的可能性。随着科技的发展，我们可以用各式各样的新材料与新制作过程，而且能将“信息”（information）也视为一种材料。另外，Spuybroek（2003）以 NOX 设计团队运用数字科技的近期作品为例，说明传统坚硬的建构过程已变的软化了。而 Leach（2004）检视 UN Studio、FOA、dECOi 等团队的数字作品后，区分出古典建构中的静态“形体”（form）及浮现在数字建构中的动态“构成”（formation）。为了重新思考建构在数字设计过程的价值，Gao（2004）分析许多目前新的数字设计案例，讨论出一些“数字建构”的现象（phenomena of digital tectonics）。

上述数字建构研究中，我们可以从许多角度察觉，传统建筑构造已受到数字科技的影响而正产生巨变（Cache 2002；Spuybroek 2003；Leach 2004；Gao 2004）。为了对这个 20 世纪末的变动建立理论基础，我们试图提出一些疑问，例如，古典的建构分析能否应用在这些强调非古典、使用数字科技所设计和构造的数字作品上呢？如果答案是肯定的，那是否还有其他新因子能够整合至古典建构因子中？但若答案是否定的，那是否能提出新的数字建构理论，来替代建筑史上悠久的古典建构思考呢？换句话说，我们需要一个更有系统、整合数字及古典元素与过程的新建构架构（framework of new tectonics），以便探讨建筑领域中的数字理论。而本书的目标，则是从现今的建构理论中，提出数字思考下的新因子与新想法。

前数字、数字与后数字（Predigital, Digital and Postdigital）

在此，我们应先了解几个观点。建筑的历史发展，应可视为一种建构的发展，根据 Botticher（1852）、Laugier（1753）、Semper（1951）和 Frampton（1995）等学者的观察，建构的概念，是从久远的古典时期到晚近的后现代主义，逐渐成形。如同先前的权威论述所言，主要的建构范例（exemplars）皆建立在史前（图 1-1）、希腊（图 1-2）、中国（图 1-3）、哥特（图 1-4）、文艺复兴（图 1-5）、现代（图 1-6）与后现代（图 1-7）等时期。

1-1. 巨石遗址，伦敦北方Wiltshire，公元前2000—前1500。

1-2. 帕提农神庙（Parthenon），雅典卫城（Akropolis），公元前447—前432。

1-3. 佛光寺东大殿，山西五台山，公元857（唐大中11年）。

1-4. 圣母院大教堂（Notre Dame），巴黎，1163-1250。

1-5. 卡布拉别墅（Villa Capra，也称为圆厅别墅Villa Rotonda），帕拉第奥，意大利Vicenza，1566-1571。

1-6. 巴塞罗那博览会德国馆（Barcelona Pavilion），密斯（Ludwig Mies van der Rohe），1928-1929，1930拆除，1986重建。

1-7. 英国国家画廊增建案（Sainsbury Wing of the National Gallery），文丘里，伦敦，1986-1991。

而若我们不以大历史（macro-historical）的角度，而从微观的历史观点（micro-historical）来看，建构的数字发展，表现出另一波生动的活力，从 Mitchell（1998）、Cache（2002）和 Leach（2004）的论点中，建筑的数字应用历经了前数字（predigital）、数字（digital）与后数字（postdigital）三个阶段。当绘图和建模工具与设计媒材的使用还停留在前数字的年代时，Antoni Gaudi（图 1-8）、Rudolf Steiner（图 1-9）、Le Corbusier（图 1-10）和 Jorn Utzon（图 1-11）借挑战操作形体（making forms）和思考空间（thinking spaces）的传统方法，颠覆了传统的建构方式，虽然当时的设计媒材尚未数字化，但设计方法与思考，却已迫切的需要数字的设计方式来解决，换句话说，它们正是前数字的作品。

而从 Frank Gehry（图 1-12）、Peter Eisenman（图 1-13）、Greg Lynn、UN Studio、FOA、dECOi 等作品之后，建构才真正到了一个转折

1-8.圣家族大教堂（Sagrada Familia），高迪，1882-。

1-9.歌德学院（Goetheanum），斯泰纳（Rudolf Steiner），瑞士Dornach，1923-1928。

1-10.朗香教堂Notre-Dame-du-Haut at Ronchamp，也有人以法文发音而翻译为宏厢教堂），勒·柯布西耶，法国朗香（Ronchamp），1950-1955。

1-11.悉尼歌剧院（Sydney Opera House），伍重，悉尼，1957-1973。

1-12.毕尔巴鄂古根海姆博物馆（Guggenheim Museum Bilbao），弗兰克·盖里，西班牙毕尔巴鄂，1993-1997。

点。数字媒材成熟的应用到建筑的建构技术，为设计思考带来了完全的解放，也得益于建筑师和如Ove Arup等工程师们在数字时代的实验与研究，大部分的数字技术与数字过程，在建筑实务中变得愈来愈标准化。而在所谓

1–14. 仙台媒体中心（Sendai Mediatheque），伊东丰雄（Toyo Ito），日本仙台，1995–2000。

1–13. 圣地亚哥文化中心（City of Culture, Santiago de Compostela），彼得·埃森曼，西班牙圣地亚哥，1999–2006。

1–15. 罗马音乐厅（Rome Auditorium），皮亚诺，罗马，1994–2002。

1–16. 千禧教堂（Jubilee Church），理查德·迈耶，罗马，1996–2003。

1–17. 沃尔夫斯堡斐诺科学中心（Phaeno Science Center），扎哈·哈迪德，德国沃尔夫斯堡，1999–2005。

后数字的时代中，许多知名建筑师的作品，如伊东丰雄（图 1–14）、Renzo Piano（图 1–15）、Richard Meier（图 1–16）、Zaha Hadid（图 1–17）等，建筑的数字建构正逐渐走向普及化。

古典与数字（Classic vs. Digital）

为了得到涵盖更广泛（domain–general）的分析结果，在本研究开始之前的案例选择，需提出两个前提，第一，能够挑选出大量的精选案例是相当重要的；因为如 Cache（2002）、Spuybroek（2003）、Leach（2004）和 Gao（2004）等先前论述所讨论的设计案，都只是新生代设计师特定的纸上建筑作品。第二，分析案例需包含更具经验的建筑师的数字作品，如 Frank Gehry、伊东丰雄、Peter Eisenman、Zaha Hadid、Greg Lynn 等人，他们依据传统建构训练所建造出的作品，可用来比较新旧因子、整合新旧因子。

因此，在我们的案例研究（case study）中，有三个步骤。第一步骤是确认古典建构的因子（classic tectonic factors）以及这些因子在数字案例中的分析。这是为了说明古典因子是否仍然适用于数字设计上。在 Gao（2004）的论文中，曾经整理出 5 个古典因子：细部／连接、材料、物件、结构和构造，这些因子经常出现在建构的古典理论中，都牵涉结构技术。然而，其他如感知和地形（topography）的特性，是关于建筑与场地、人与建筑之间的关系，也与古典建构技术有关（Frampton，1995），而且，地形对于建筑构造是相当重要的因子。因此，本书整理了 7 个古典因子，分别为连接（joint）、细部（detail）、材料（material）、物件（object）、结构（structure）、构造（construction）、互动（interaction），这些因子的定义将在本章后段有详细的定义。

第二步骤则讨论正在浮现中的数字建构因子（digital tectonic factors）。从步骤一的 15 案例分析过程中，寻找出一些数字因子，而为了确认建构思考中所流露出的数字因子，我们再次以相同的 15 件案例来检验这些浮现的数字建构因子。

我们选择了“远东国际数字建筑设计奖”（the Far East International Digital Architectural Design Award，The Feidad Award）作为本书挑选案例的素材（Liu，2002a；2003a；2004）。从 2000 年起，每一年远东国际数字建筑设计奖都会收到来自四十几个国家，超过 100 件的作品，而本书的 15 件案例，是从 2000 年到 2007 年间的获奖作品中挑选而出：

案例一：瞬间的自我（2000，法国）
案例二：宙斯之盾——超表面（2001，法国）
案例三：动态形体——BMW 法兰克福汽车展场（2001，德国）
案例四：荷兰后农业（2002，英国）
案例五：起飞——慕尼黑机场第二航站大楼空间装置（2003，德国）

案例六：巴黎米兰艺廊（2004，法国）
案例七：循环 · 空间——2012 奥林匹克运动会展示馆（2005，英国）
案例八：编码、爱欲和工艺（2005，美国）
案例九：Reebok 上海旗舰店（2006，美国）
案例十：多向度受压结构（2006，西班牙）
案例十一：城市大厅（2006，英国）
案例十二：流体墙（2007，美国）
案例十三：繁花艳开——建筑拓扑几何（2007，奥地利）
案例十四：互动环境 · 分散计算 · 数字制造（2007，加拿大）
案例十五：新媒体学校——学校的形态生成（2007，日本/中国台湾）

如本节开始所述，第三步骤将这些得自第二步骤的新因子，引用到15 件较具经验甚至知名建筑师的建构过程中，而这些建筑师都具有后数字（postdigital）与数字（digital）作品的设计与建造经验，此新建构因子的检视（validation），将有助于新建构先期理论的建立。而这 15 件案例皆来自“远东国际数字建筑设计奖”的评审委员和邀请作品，其中国家分布在北美、欧洲和亚洲：

案例一：新竹数字艺术馆（Peter Eisenman，美国）
案例二：爱宾艺术与科技博物馆（Greg Lynn，美国）
案例三：圣高伦艺术博物馆（Greg Lynn，德国）
案例四：东京地铁饭田桥站（渡边诚，日本）
案例五：场——边界状态（OCEANnorth，挪威）
案例六：新奔驰博物馆（UN Studio van Berkel & Bos，荷兰）
案例七：媒体——银河系：爱宾办公大楼（MVRDV，荷兰）
案例八：观察者——家庭包（MVRDV，荷兰）
案例九：台中古根海姆美术馆（Zaha Hadid，英国）
案例十：下代基因建筑艺术馆（Zaha Hadid，英国）
案例十一：台中大都会歌剧院（伊东丰雄，日本）
案例十二：台湾大学社科院新馆（伊东丰雄，日本）
案例十三：水墨狂草（交大刘育东研究室，中国台湾）
案例十四：大连电子深圳总部（交大刘育东研究室，中国台湾）
案例十五：建筑农场（平田晃久，日本）

古典建构思考（Classic Tectonic Thinking）

本研究企图从古典建构论述中延伸新的数字建构现象。因此在分析上述数字案例的过程中，我们从建构的历史发展（Boetticher 1852；Semper，1951；Sekler，1965；Gregotti，1983；Frascari，1983；Moneo，1988；Vallhonrat，1988；Frampton，1995）来解释这 7 个重要的建构因子。本书 7 个古典因子的定义如下：

1. 连接（joint）

是建筑构造中最小及最重要的元素，可视为构造的产生器（generator ofconstruction），它可以透过不同层级的接点，连接整体建筑的单元、材料与结构（Semper，1951；Frascari，1983；Frampton，1995）。

2. 细部（detail）

是建筑构造中材料特性的描述，也是建筑尺寸、配置（placing）、操作（making）的组成关系（Gregotti，1983；Frascari，1983）。

3. 材料（material）

是呈现建筑构造中成形与组合的元素（Semper，1951；Moneo，1988）。

4. 物件（object）

是建筑的单元（parts），如建筑的柱、墙、梁、板、门、窗等，而建筑整体是由许多的单元组合而成 （Boetticher，1843）。

5. 结构（structure）

是力量传递的一个概念、一个单位或一种过程。结构也是影响建构的一个关键变因（Sekler，1965；Vallhonrat，1988）。

6. 构造（construction）

是一种实现结构概念的施工方式，也具有层级关系与逻辑过程，使得建筑对象由小到大依序排列（Sekler，1965；Vallhonrat，1988）。

7. 互动（interaction）

是一种建筑与场地、人与建筑之间的交互关系，建立在对地形（topography）与知觉（perception）的基础上（Frampton，1995）。

数字建构思考（Digital Tectonic Thinking）

自 20 世纪 90 年代起，大量的数字科技被视为辅助设计过程的一种新媒材，数字环境的特征，如动态的操作过程、非物质性以及无重力状态的环境，改变了建筑设计和营造过程与方法；而多向度的数字科技，如 3D 建模软件、衍生系统与算法（generative system/algorithm）以及计算机辅助设计与制造（CAD/CAM fabrication），也促进了这些变化。隐含在设计和营造过程中的数字程序，与传统的建筑思考方式十分不同（Mitchell，1998；Kolarevic，2000；Kloft,2001；Ruby，2001；Liu，2001；De Luca and Nardini，2002；Ham，2003），一方面，根据上述 15 件数字案例的分析，经运用 7 个古典因子，我们发现古典建构的概念仍然适用于数字作品上，虽然部分因子的定义应该被进一步调整和延伸，另一方面，在这 15 件数字案例上的一些重要建构思考现象，已经远远超过古典建构的定义，古典因子已明显不足。因而，我们需要另一组数字建构因子，且与古典建构并存，而这组演化自 20 世纪建筑的新数字建构因子，将反应出当前建筑在数字研发的建构思维。

而上述案例所牵涉的数字现象，包含下列四个新特质：第一，数字设计是以动态过程来推演概念发展，如以动画或形体混合（morphing）的方式来进行形体操作（form-making）、甚至形体推演（form-evolution）。

其次，数字和虚拟环境中的非物质性（immateriality），使得材料的概念融入了数字信息，整合到建筑形体中，形成一种新的材料，因此，信息变成一种新的建筑表面材料。再者，使用如衍生系统及算法的计算机软件，在设计的早期阶段来协助形体生成的过程，设计者输入计算机参数和操作衍生系统及算法，先自动产生各种设计形体，然后设计者再依需求从中挑选适合的方案。最后，在建造之前，出现一种新的设计流程，设计者使用 CAD/CAM 制造技术，如快速成型（rapid–prototyping，RP）、计算机数据控制（computer numeric control，CNC）和三维扫描技术（3D scanning）等各种新的装置方法，包含了线性和自由形体几何中，数字设计组件的生产、制造、测试和组装等精准过程。

根据数字作品中所浮现出的上述四点现象，我们可考虑 4 个新因子的成形。在本书中，数字建构因子的定义描述如下：

1. 动态（motion）
是设计概念与形体演化运作中的一系列动态操作过程。
2. 信息（information）
是以数字讯号作为任何建筑皮层或表面的材料应用，是一种新的表现材料。
3. 演化（generation）
是应用软件衍生系统或算法，自动产生形体或概念的过程。
4. 制造（fabrication）
是在 CAD/CAM 技术辅助下制造出（fabricating）设计构件与构造方法的过程。

新建构？（New Tectonics?）

由于数字科技的发展，数字建构研究察觉到传统建筑构造已有剧烈改变，直到今日，我们迫切需要有系统地结合一些数字与古典元素及过程的新建构想法，以便继续发展建筑的数字理论（digital theory of architecture）。一些数字建构的重要现象，显示了动态、信息、演化和制造的特征，在新建构的初期理论中，7 个古典因子和 4 个数字因子，形成一个完整而彼此互动的结果。然而，在这建筑的新时代中，本研究只是许多问题的一个出发点，而非提供解答，新的“数字”建构元素是如何得自于旧的“古典”元素？而旧的因子又是如何与新的因子互动？新因子是否与旧因子有所不同？或者此新因子只是稍稍覆盖一层新的作法，内在思维仍与旧因子相同？建构思考又是如何随着时间而改变的呢？

本书的另一个目的是要探讨建构与设计过程的关系，设计过程主要包含了设计方法与设计思考。这让我们想到，建筑的建构，经过古典、前数字到数字时代的推移，标准设计过程是如何改变的呢？究竟我们能够发展出什么新方法？由于人类认知系统是以知识、记忆、理解、视觉及空间媒介（visual–spatial media）、风格及创造性洞察（stylistic–creative insights）等单元从事思考，面对一个全新的环境，我们的思考是如何调适、融合与转化的呢？

本书接下来的章节将反复讨论这些问题，第 2 章对全部 30 件作品快速导览，第 3 章是以 15 件远东国际数字建筑设计奖作品为案例，针对 7 项古典因子和 4 项数字因子进行分析，以便呈现目前建筑界的发展，第 4 章则是为了再次验证（reexamine）第 3 章所提的新建构架构，15 件受邀作品被逐一拿来检验新建构因子。最后，第 5 章是讨论新建构的理论核心，以及新建构对建筑的可能影响。

2. 远东数字奖及邀请作品
Feidad Award and Invited Project

“远东国际数字建筑设计奖”（The Feidad Award）创办于2000年，目的是为了讨论数字时代中未来空间与建筑的新定义，包含运算、信息、电子媒体、超空间（hyper space）、虚拟和数字空间等相关议题。从2000年开始，每一年远东数字建筑奖都会收到来自四十几个国家，超过100件的作品，而本书的15件案例，便是从2000年到2007年间的获奖作品中所挑选出来的。如第1章曾谈到，案例中美国、英国、法国各有三件作品，两件来自德国，西班牙、澳大利亚、加拿大、日本各有一件作品。从某个层面上看来，这15件作品，可视为建筑领域探讨数字可能性的代表性作品，因为这些得奖作品的设计师，不是在实务界有资历丰富的建筑师、就是在建筑事务所中曾经工作多年的资深设计师、再不然就是对数字建筑有深入研究的研究生和正开始在课堂中探讨数字媒材和思考的大学部学生。

除了15件远东数字建筑奖的作品外，本书也选了更经验丰富甚至知名建筑师的作品，用来再次确认远东奖作品中所看到的新建构现象。本书邀请的15作品有来自美国的Peter Eisenman、Greg Lynn、日本的伊东丰雄（Toyo Ito）、渡边诚（Makoto Sei Waranabe）、平田晃久（Akihisa Hirata）、挪威的OCEANnorth、荷兰的UN Studio、MVRDV、英国的Zaha Hadid以及中国台湾的*Aleppo* ZONE。这些作品呈现出各种不同的样貌，包含了已建造完成的（built）、建造中的（ongoing）以及未建造的（unbuilt）设计案。另外，这些作品也提供各种不同的机能性，包括公共与私人的建筑使用、大尺度与小尺度的建筑体、歌剧院、博物馆、学校、办公大楼、地铁站、独栋住宅及展示装置等，而且这些受邀作品都坐落在不同国家的不同场地上，他们均提出相当不同的数字技术来设计并建造这些建筑。基于以上这些作品特性，这15件邀请作品应足以支持本书对新建构的论点。

瞬间的自我
iNSTANT eGO

Adrien Raoul / Remi Feghali/
Hyoungjin CHO
法国 / 黎巴嫩 / 韩国

在《城市 cyborgs 的领域》一书中，Antoine Picon 描述了 cyborgs（编按：一种半人半机械的生存个体）以持续增长的速度漫游在城市之中。被切割的时间、漂浮的时光，无可避免地愈来愈多；而我们的流浪的空间，从缝隙里生出，使一种私密的电子空间得以浮现在城市的公共场合中。瞬间的自我原本是一串折叠起来的智慧薄膜，附挂在我们的衣着上，等待着被释放。当开启时，膜面鼓张，主观的时间感被包覆在个人的空间中，一个暧昧的时空关系产生。他人的作息只是我们私密时光的从属。而空间被自身的动力逻辑转化，导向零时：一个以电信通信为主的图像和语言向度；游移在网络上，思考、书写、反省。即便在城市的最中心，我们也能完成自身最亲密的举止。这个可连接而且富弹性的瞬间自我，并不直接和周边的环境互动，而以感性的方式和本地的脉络发生关系、输出能量和它的虚拟潜力。（翻译：洪士尧）

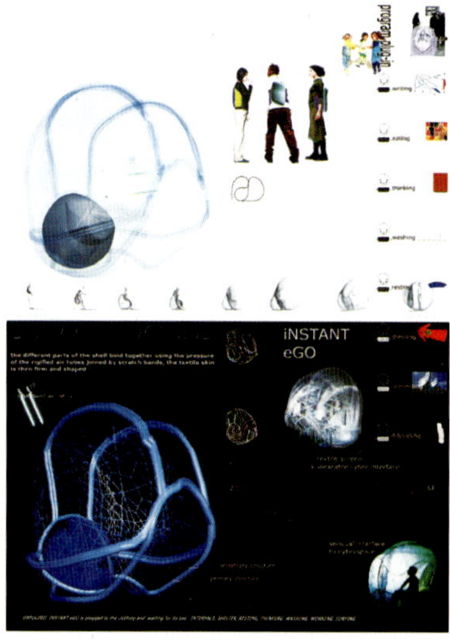

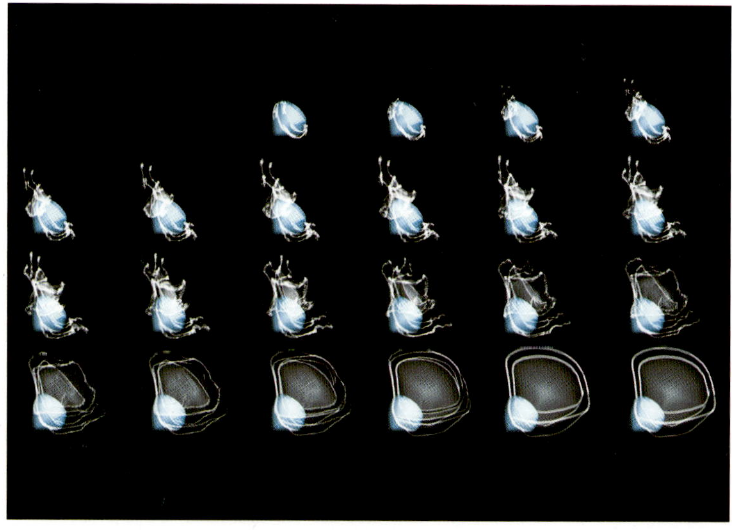

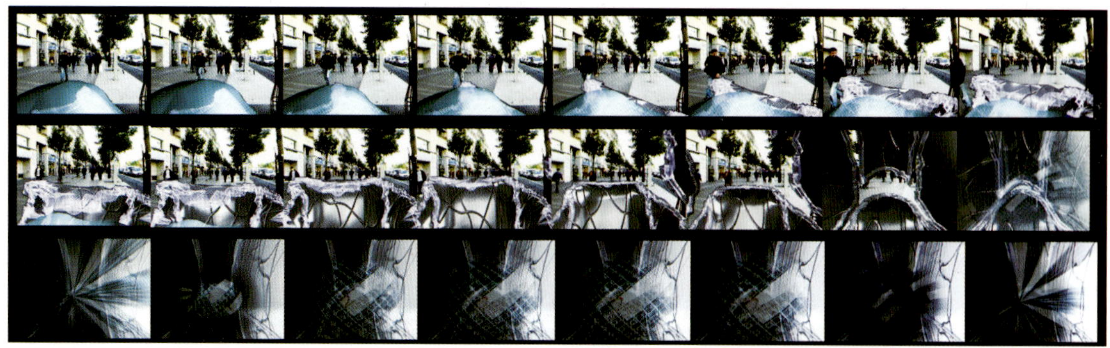

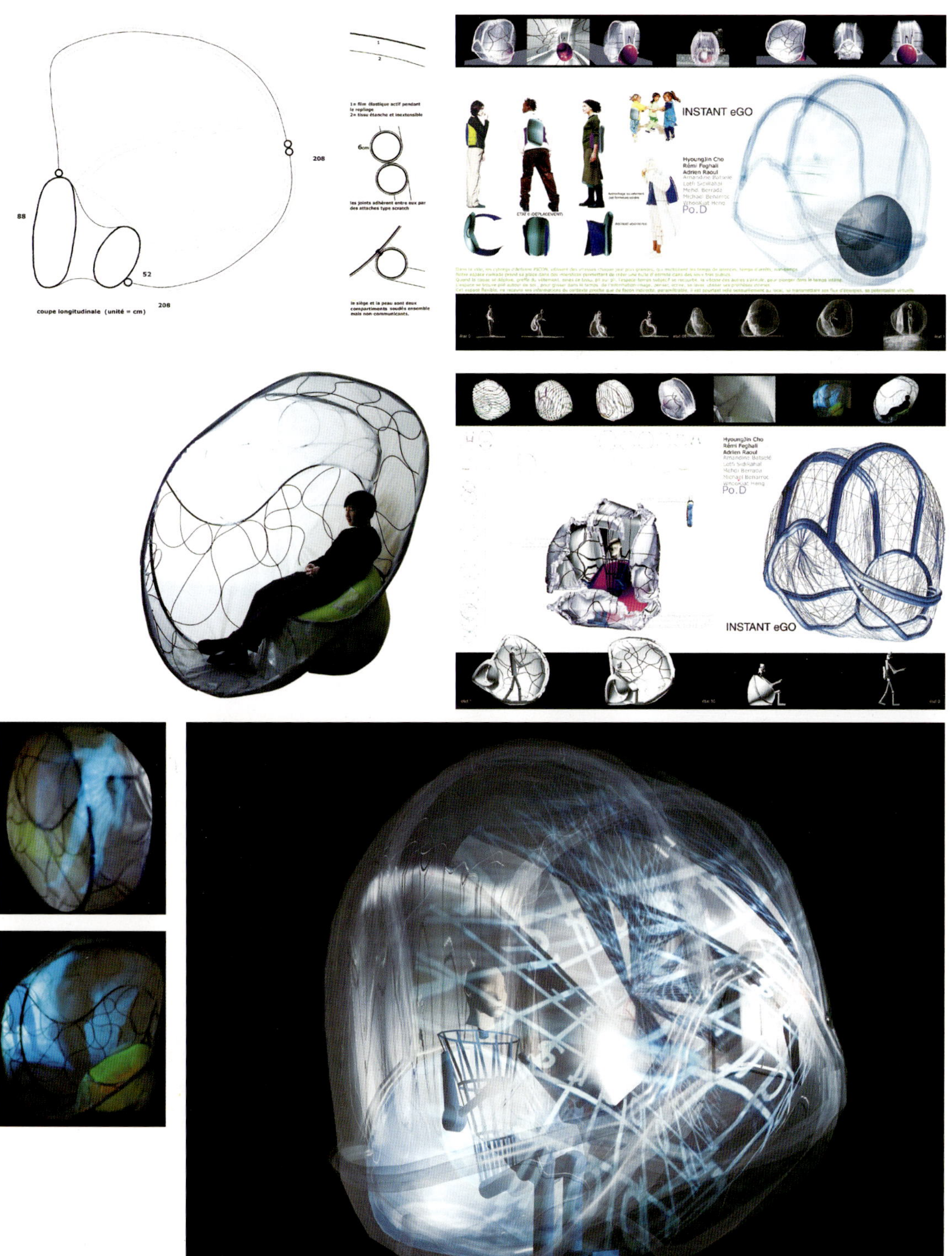
88
52
208
208
coupe longitudinale (unité = cm)
1
2
1= film élastique actif pendant le repliage
2= tissu étanche et inextensible
6cm
les joints adhèrent entre eux par des attaches type scratch
le siège et la peau sont deux compartiments soudés ensemble mais non-communicants.
INSTANT eGO
HyoungJin Cho
Rémi Feghali
Adrien Raoul
Po.D
HyoungJin Cho
Rémi Feghali
Adrien Raoul
Po.D
INSTANT eGO

宙斯之盾——超表面
AEGIS HYPO-SURFACE © patent pending

dECOi architects（Mark Goulthorpe）
法国／英国

“宙斯之盾——超表面”是一个兼具艺术和建筑的互动装置，如它可以随着不同的事件、动作或声音，在其可重整的表面上实时动态反映出来，并当场创造出一个扭曲形变的建筑表面，大家可以想象它是一个主动的三维空间屏幕，而其像素则是来自于垂直的高低差。

整个设计是由电子感应装置网络发展出来的，它们会传送讯号至一台超级计算机中，透过高速的总线，触发计算机发出指令至矩阵排列的启动器，最后驱动此可任意控制的超表面。我们十分有效率地掌握计算机的指令周期，然后传送至三维空间中，并控制着数百万计的矩阵装置，这隐隐地让人联想到，一个互动的实体建筑，其实就像是在发展一种电子中枢神经系统，而这个表面反映了来自环境的各种不同刺激。

此计划是由来自不同领域的专家群共同合作而成，从电子机械学家到程序设计师到数学家，每一位专家都必须挑战如何设计一个可以在一定时间内处理大量信息的操作系统，并在这些许多的启动器中创造出戏剧性且活泼的可能性。此计划的发展过程，成功结合世界各地的研究学者群，并预言了透过数字媒材来整合不同领域，所能激发出创意结晶的新可能性。

此作品经过一系列原型测试后，曾在2000年威尼斯双年展的国际会馆和2001年在德国汉诺威市举办的CeBIT科技博览会中参展过，它结合了三种尖端的数字技术：利用矩阵式的电子感应装置抓取环境中的各种变化，并输入一台超级计算器中运算（此两种技术对于整个互动系统相当重要），然后输出至大量的机械装置中。此为建筑领域带来了强烈的新可能性。

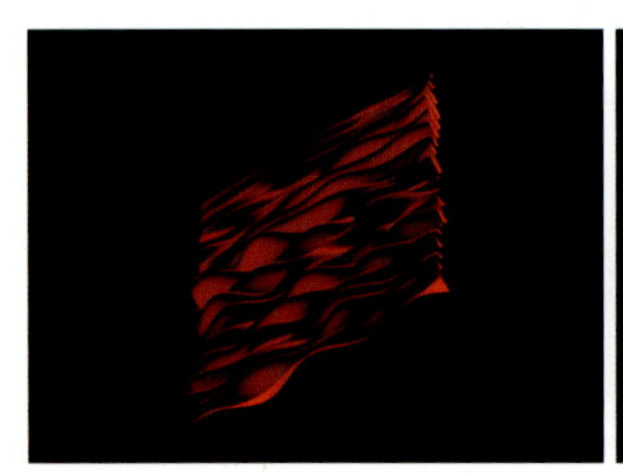
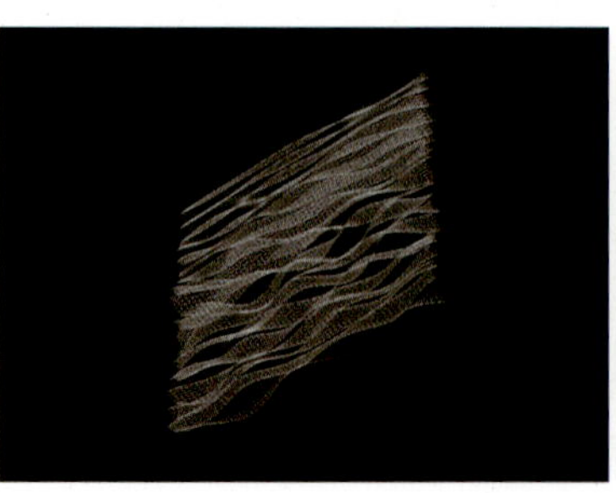

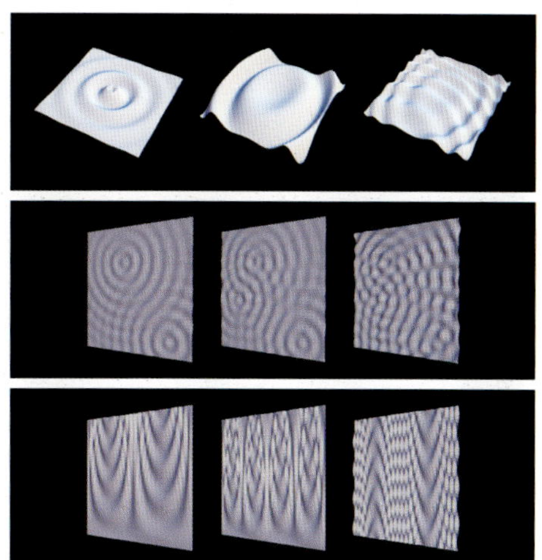

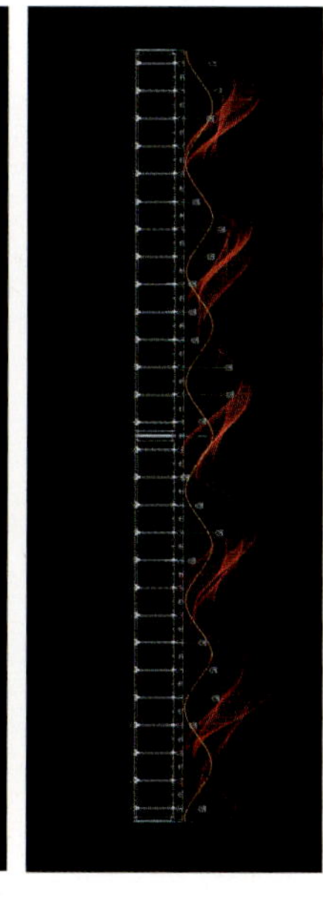

动态形体——BMW法兰克福汽车展场
Dynaform: BMW Frankfurt Motorshow Pavilion

Bernhard Franken
德国

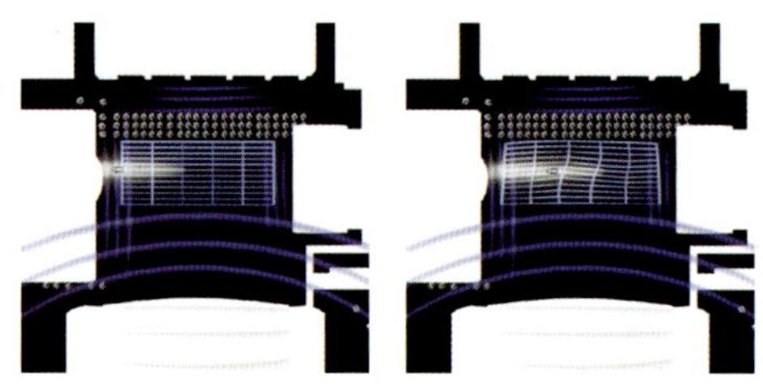

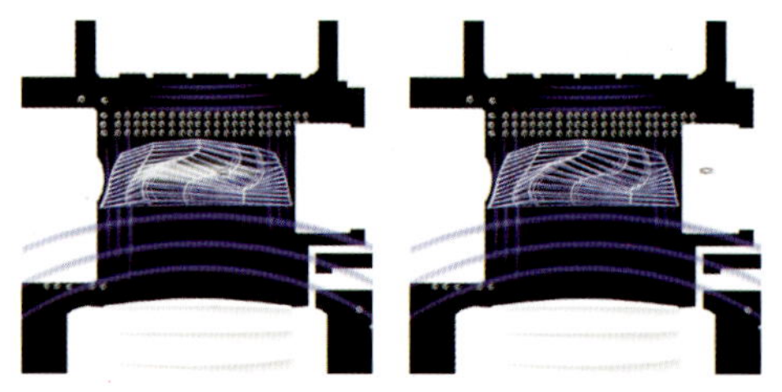

讯息本身演变成为建筑

为了将信息调换成讯息，我们发展了一种将讯息简报转换为过程的方式，此过程是经过一系列动态影片测试，利用计算机仿真力场之间的相互关系，来产生出形体，并透过数字建造方式，成功将此形体转译成一栋建筑物而不须再经过任何的几何更动。此建筑物的力量都展现在它的形体上，透过这栋建筑，使用者便能清楚地体验了简报过程所建立的信息，此方式是从简报、过程到形体产生了连锁反应，并依据数字建造转换成为一种真实的经验，讯息演变成为建筑。

多普勒效应

此新的BMW展览厅打算作为BMW营销哲学的展示场：*驾驶的乐趣*。虽然汽车的终极目标是移动，但是汽车本身却呈现出“静止的对象”这样的讯息，面对这样的矛盾，我们加速了汽车周围的空间，如此一来，驾驶的感觉又能被传达出来了，而为了达到这样的效果，我们应用了多普勒效应这个物理原理。大家都很喜欢这个汽车冲力所造成形体的效果，多普勒效应在空间上的转换和周围环境驱力间重叠的部分，被作为计算机自动衍生形体的基础，称作主要几何形体。

多变因子创造出完美的设计

我们整个设计过程就像现代音乐大师John Cage的编曲过程一样，运用随心所欲和充满想象力的音符，创作出一首完整的乐曲出来，虽然这个方法一点都不精确，但也不完全随机。作为一位设计师，设计并不是控制一个流程就能完成的，这个形体其实原本就在“世界上的某个地方”(somewhere out there)，只是等待我们去发掘，而计算机的介入提供了这个形体一个显露自己的机会，这就是我们如何使用计算机辅助，创造出此包含“讯息”(communicative)的建筑之方法。

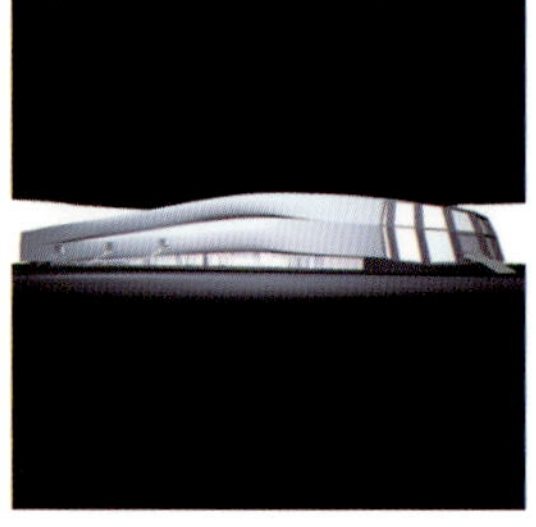

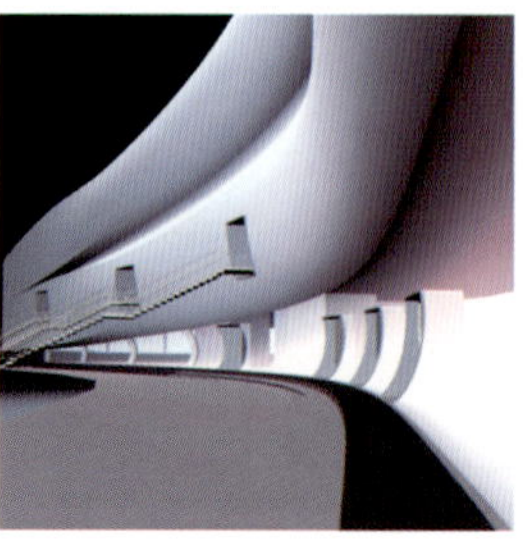

荷兰后农业
Postagriculture

Achim Menges
英国／德国

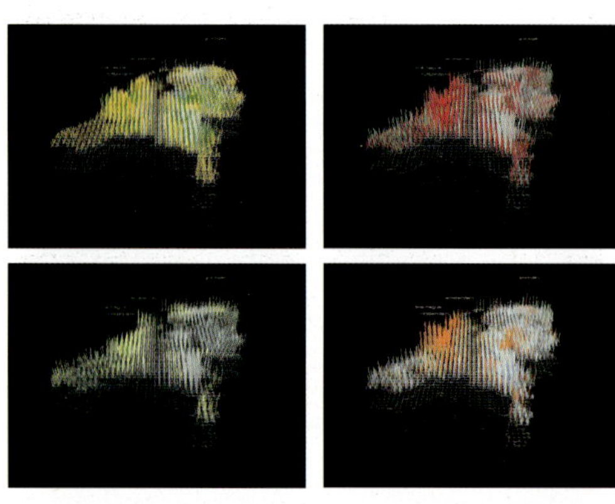

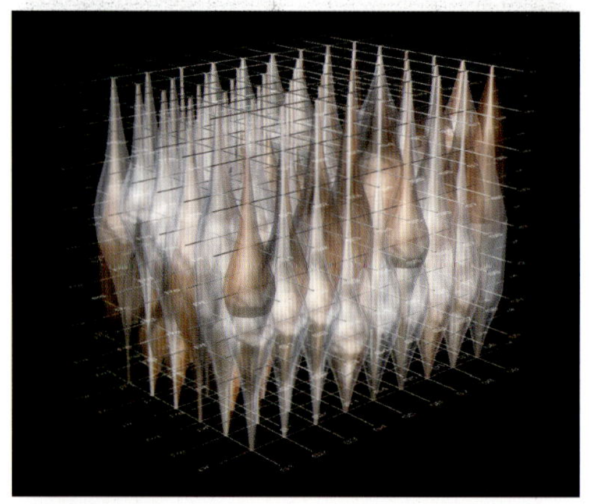

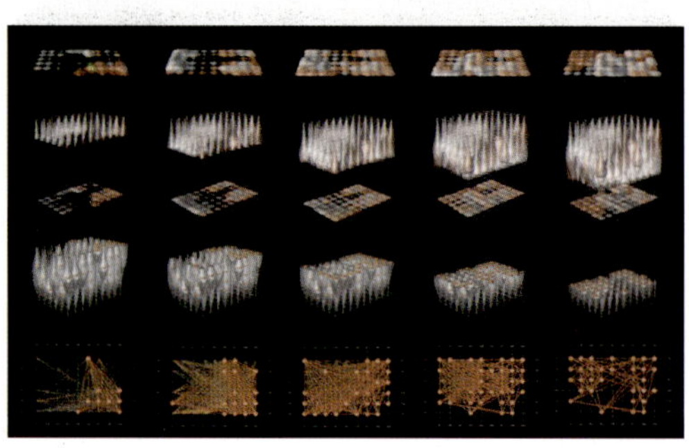

农业极少被当做在建筑上批判思考的场地(site)，尽管当社会经历过一场主要的技术范型转变后，它可能浮现成一个关键领域。当前农业的有利图像背后呈置的是生产过程的复杂组织，生产动力源自于巨大能量的消耗、缓慢的反应改变和可能引起危险的缺乏弹性。在荷兰这些问题恶化自两个因素，首先，每一土地面积承载的农业生产力远高于欧洲其他国家，其次，她也是欧盟中人口居住最密集的国家。为了提高农业生产力的需求与极度稠密的人口，这些地方严重破坏了荷兰的景观。

"后农业"计划案所追求的目标，来自有关环境方面的关键性重要认知和能支撑社会的食物生产，企图去发展一个能包含和反应的对策，而能赋予农业具高度结合、改变的模式和生命力的都市计划程序。

一个有相互关系的系统，透过区域性与全国性的农业生产及人口稠密度调查研究，使它更显而易见。这个选择的策略系统，促使现存的农业生产强化，而在同时，提供大众休闲娱乐能亲近到都市区域，因此，对策的核心目标是将农业生产的强化与大众休闲场所结合成在地的混杂生成，一个有组织的模型必须被发展，透过适应的方式使它能够去妥协不同的系统需求。

最后，这个计划验证一个增强的农业本地化，运用了包含都市计划程序的产业生成景观，而能够节省未来资源，它企图阐明农业生产的关键议题，由隐藏在工业化的食物生产下的现行惯例，呈现一个范型转移的论点，它是自明的需求架构和组织，能够作出反应、接受计划、空间和环境的改变，以容纳变动的需求。

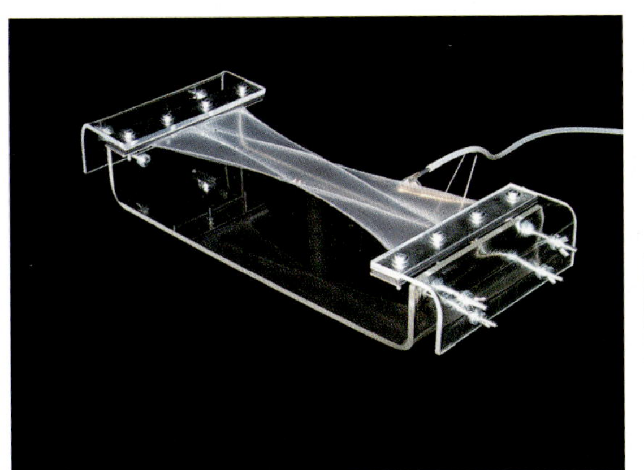

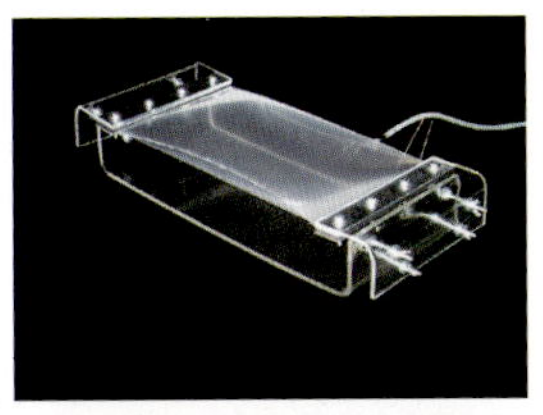

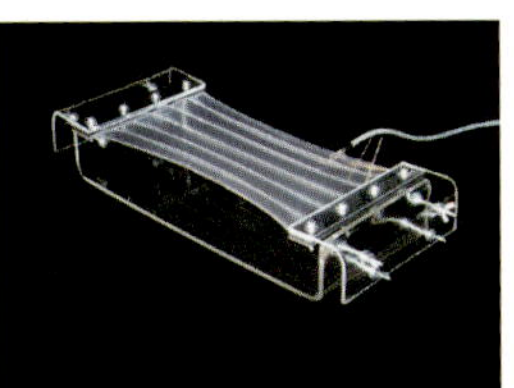

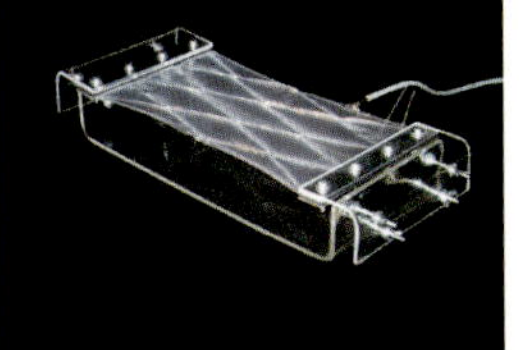

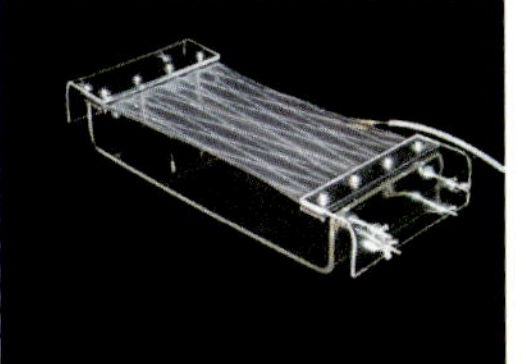

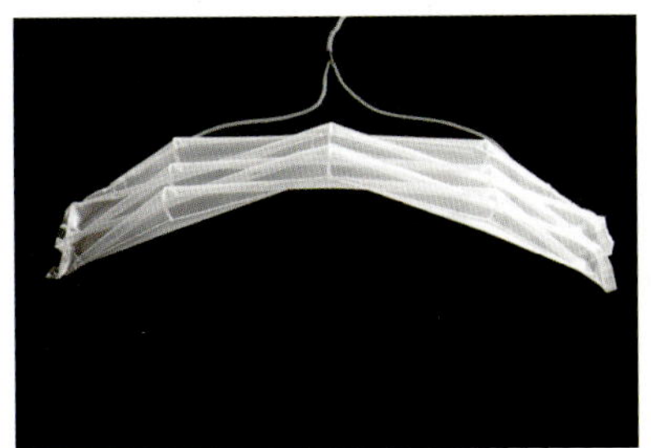

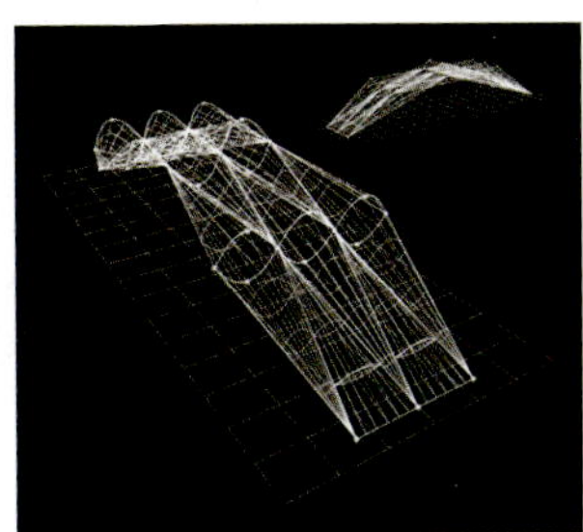

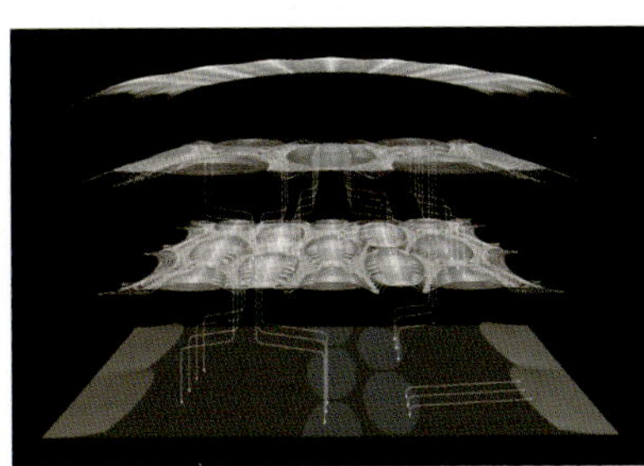

起飞——慕尼黑机场第二航站大楼空间装置
Take-Off: Spatial Installation in Terminal II at Munich Airport

Bernhard Franken
德国

一趟旅程从一开始到结束，自始至终都沿着轨道在运行，在这两个位置之间的关系，是由时间、距离和速度来显示的，而机场是旅客所使用的过渡场所。慕尼黑机场新的第二航厦建筑并没有显现出太多这一类场所与生俱来的无常，相反地，它完全展现出依循着著名建筑标准的倾向：这个长宽各为 200 米和 150 米、有着对称轴线的巨大玻璃箱，就是机场的离境大厅，其内 BMW（宝马汽车）设置了一个装置，预期能够带来旅行的加速度、速度和空间错置的效果。

我们采用从《蝙蝠侠》到《超人》不断循环，快速翻动的电影影像让大人与孩子深深着迷之现象，并将之转译为建筑的表现方式：用一排 363 个双面有图案的薄板来共同构成快速翻动的影像，而参数变动的过程则是从第二航厦顶棚悬挂下来的物体来决定。这个程序所输入的数据，是从旅客在此建筑物中移动所转化而来的，如此一来，就能够将此三维空间的立体形状进行优化，使得旅客可以在预先规划好的地点觉察到图像翻动的丰富变化。视觉动力的互动性不是来自于物体本身的任何移动，而是由观察者移动的动作产生，此设置透过两个主体传达出无止尽的故事，媒体的影响看起来就像是一部短片，或者像是一个引用了旅行轨道的交互式叙事。

在这个“起飞”计划当中，建筑、结构和通信交流——媒体与信息——彼此结合成一个单一而连贯的整体，起飞计划的设置是到目前为止 Franken 建筑师事务所所设计最一致的数字连续性计划，甚至可以将它称为是一项原型的研究计划案。产生外形的力量被刻画在物体上，而观众也能够感受到这些力量对于外形所产生出来的影响，其预期的快速翻动画面效果只能在当场才能亲身感受到。

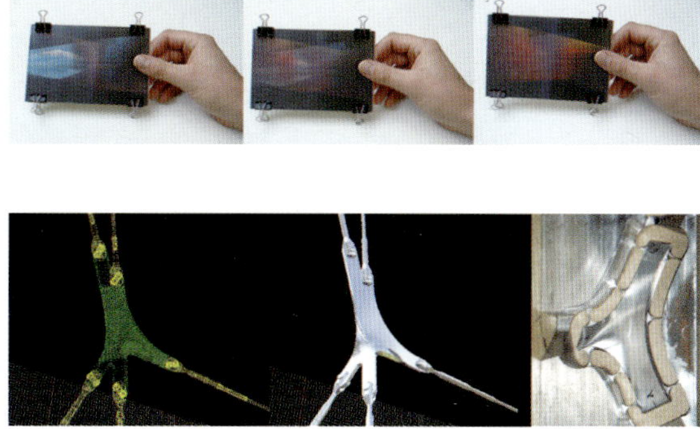

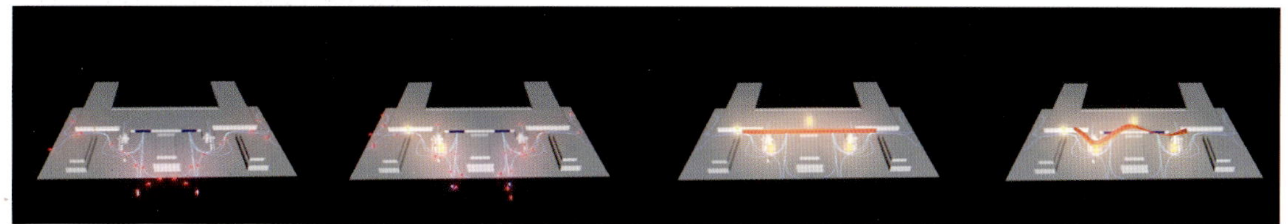

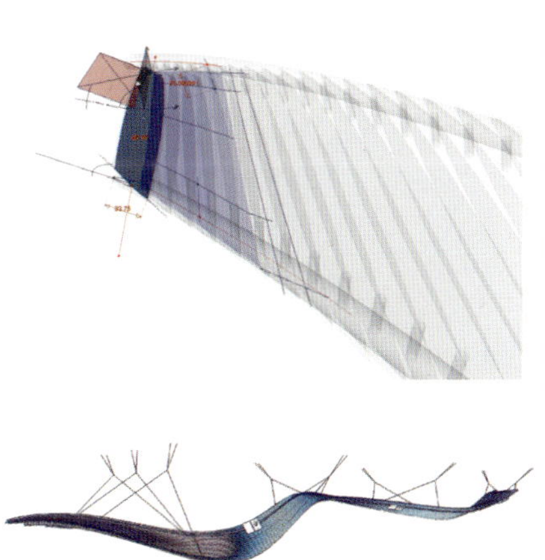

巴黎米兰艺廊
Miran Gallery

dECOi architects (Mark Goulthorpe)
法国 / 美国

米兰艺廊是一个媒体展示室，用来陈列一些年轻时装设计师的新作品。本计划包含了一个配备有悬挂式展示系统和棚架的中央展示空间，外面环绕着贮藏仓库，可存放多件相同款式的衣服以供媒体拍照。展示和贮藏两种功能彼此有所区隔，但又有所相关，而本设计呈现出的棋盘式镶嵌的表面配置不仅可以提供这两种功能的空间区隔，同时也能够产生视觉上的联系。

客户所寻求的是，一个可以赋予展示室显著特质、却又能提供服装展示沉稳背景的空间。悬挂式的陈列系统由 14 个独立的“薄片”所组成，能提供给每一位设计师悬挂的空间，薄片可以滑开来展示衣服，也可以关闭来营造出一个在主要外壳形式里呈现曲折变化的庞大形态。

在草图设计时间，我们所想象的是一个光滑的表面，材质为泥灰或玻璃纤维，并且努力寻求一种延展或变形的 3D 形态，如同诱捕形态本身一般——在静态设计媒介里是很难达成的。入口被设计为稍微弯向主空间的“屋檐”，而现有的屋梁可以呈现出表面上局部的细微差异。悬吊着的“鱼”呈现相反的发展，如同中介的空间把形态压缩到邻近平行的轨道一般。

对我们来说，本计划的简洁之处在于从建造的逻辑和费用所得到空间 / 材质的美学原则，透过“参数”来说明而能有所变化。计划在空间上彻底采用了 3D 的材质部署，以获得极为清楚的“效果”，而又能够在价格高昂的 3D 机器加工和价格较低的 2D 切割之间取得平衡，这种嘲弄了在既定价格的范围内，达到理想美学表现的能耐，只能透过堆栈设计工具的创作来获得；结合脚本编程与塑形的多种 CAD 技术，一再地说明了这是未来的主流方法（超越了大多数软件系统的同质性观点）。

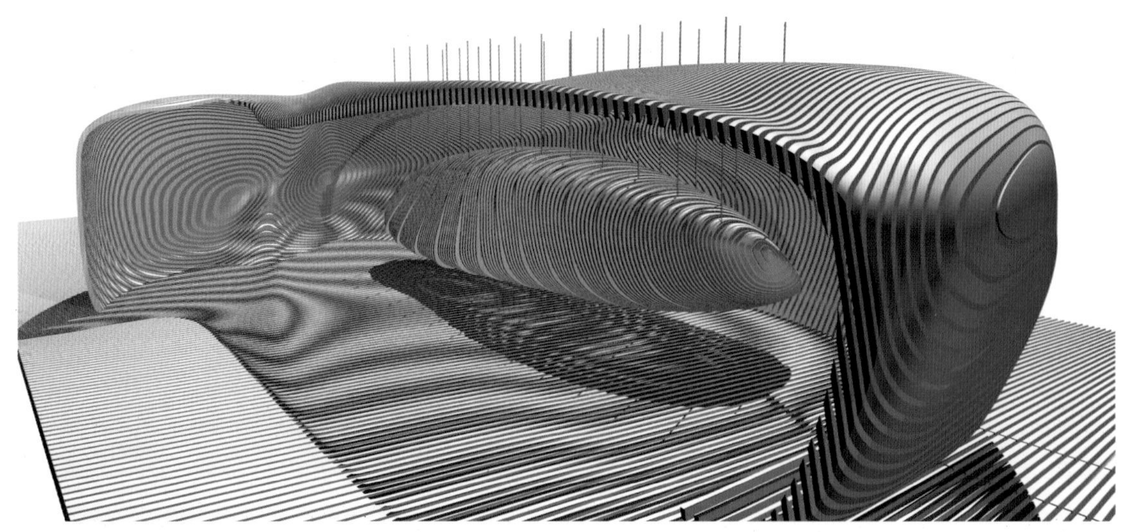

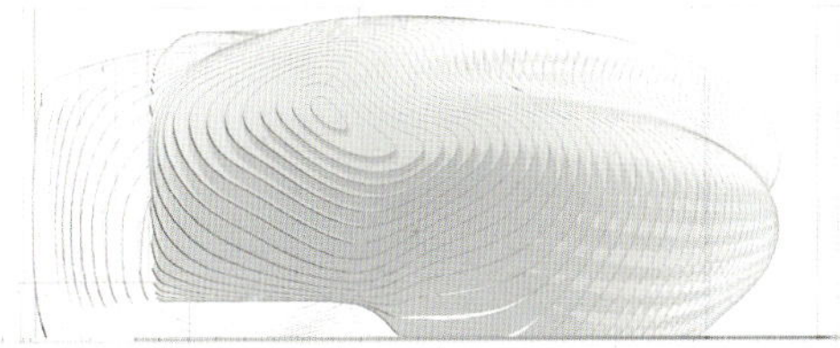

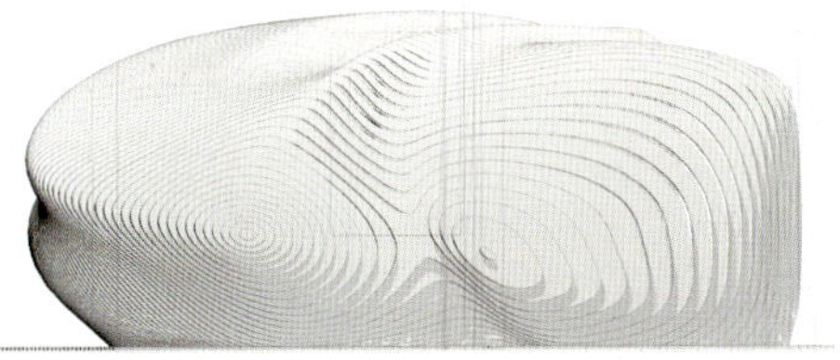

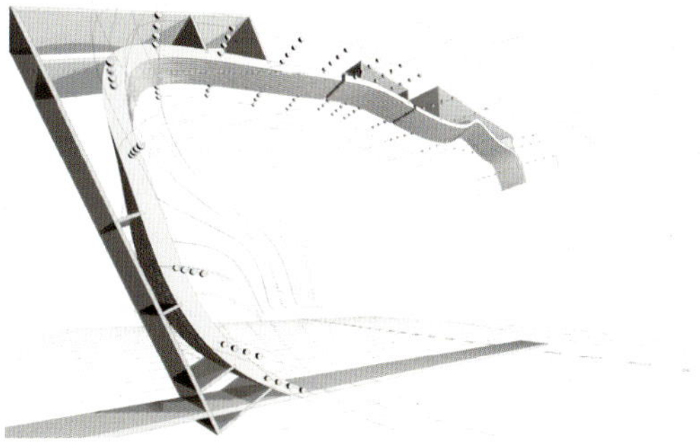

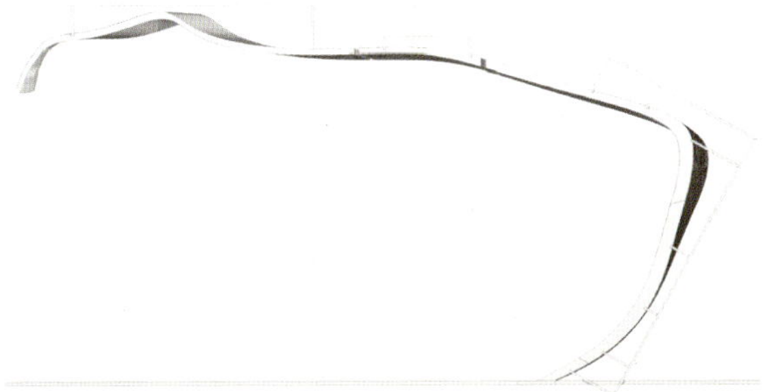

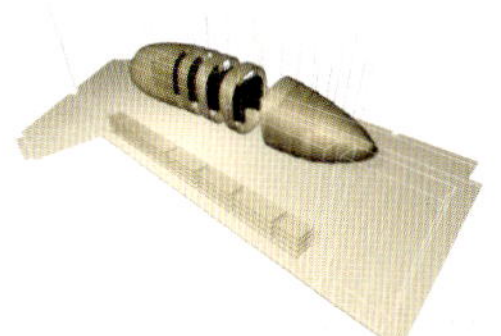

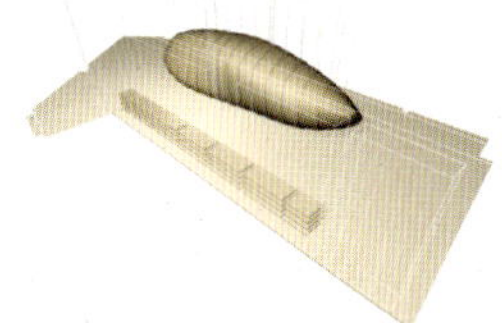

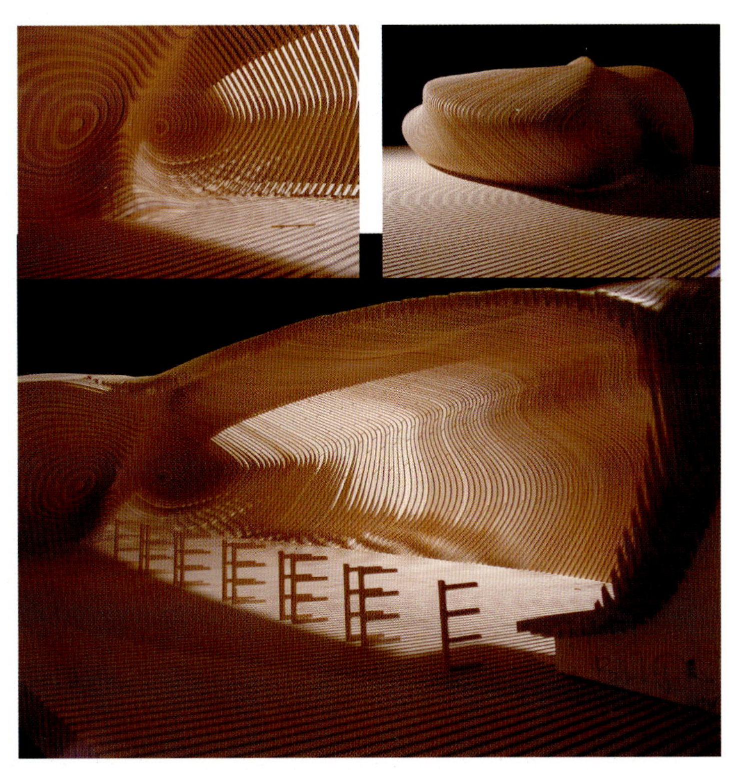

循环·空间——2012奥林匹克运动会展示馆
Loop.Space: Olympic Pavilion 2012

BASE4 (Simone Contasta / Andres Flores / Elena Bertarelli / Bidisha Sinha)
英国

近代建筑大多着重在以最新的几何构成作为工具，期望达到某种动态的呈现，因而此“循环 · 空间”提出一系列的空间配置和具回馈效果的环形空间，使身置其中的不同人群可以参与任何其他地方正在进行的体育赛事，并共同体验兴奋刺激的激动情绪。而原本建造传统建筑空间所用的标准建材，在这里被一系列的输入、输出、传感器和接口所取代，让用户可以自己控制他们所处的环境，在此新颖的建筑形态中，重要的是彼此的关系、规则和逻辑所设定的各种参数，最终系统配置的空间结果，只能被视为每一个组件的集体行为，而非某一可预期的最佳满意结果，在此规则架构中，计划里的每个参数（包含循环机制、数字仿真、人群动态或是场地状况等）都被视为一个输入／输出的角色，借持续不断的回馈循环，渐渐浮现出整个系统的样貌。

沉浸式的体育环境

这整个计划主要有两个概念，第一，主要是透过此计划创造出一个第三者的沉浸式体验现场活动的空间，令人鼓舞的是，在伦敦温布尔登区集会中，也就是现在知名的“Henman Hill”，它们也曾经使用过此方法，“Henman Hill”是一个大家公认、万中选一的户外集会地点，但却受限于官方场地的大小。第二，依据在一个突发事件中，人群会自动聚集为点子，此展示馆可以像是会创造运动体验的产生器一般，透过其接口的呈现，提供人群聚集的方向，在这里，人群被预期会往同一个目标不断地移动，而体育赛事则是此计划的主要目标。

智能型的展示空间

此展示馆的架构主要是依据 2004 年雅典奥运的资料为依据，每一天的运动项目划分为展示馆空间的数目，每个空间的大小视此运动受欢迎的程度而定，此系统可弹性调整并具人工智能，使得展示馆可根据运动时程和不可预期的人潮实时反映其空间大小。

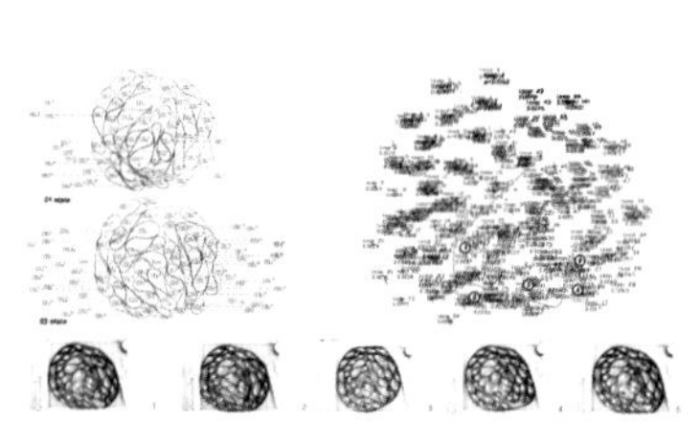

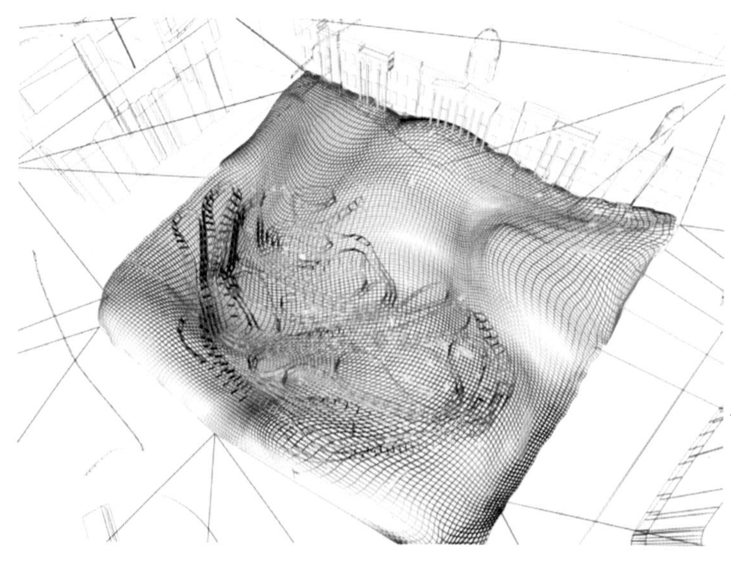

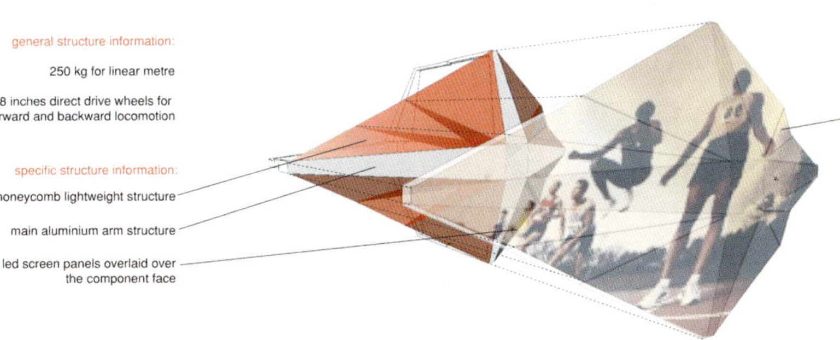
general structure information:
250 kg for linear metre
18 inches direct drive wheels for forward and backward locomotion
specific structure information:
honeycomb lightweight structure
main aluminium arm structure
led screen panels overlaid over the component face

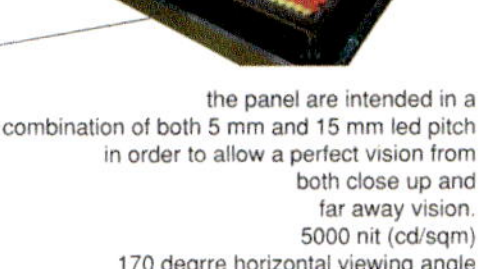
the panel are intended in a combination of both 5 mm and 15 mm led pitch in order to allow a perfect vision from both close up and far away vision.
5000 nit (cd/sqm)
170 degrre horizontal viewing angle
+30 -70 degrees vertical viewing angle

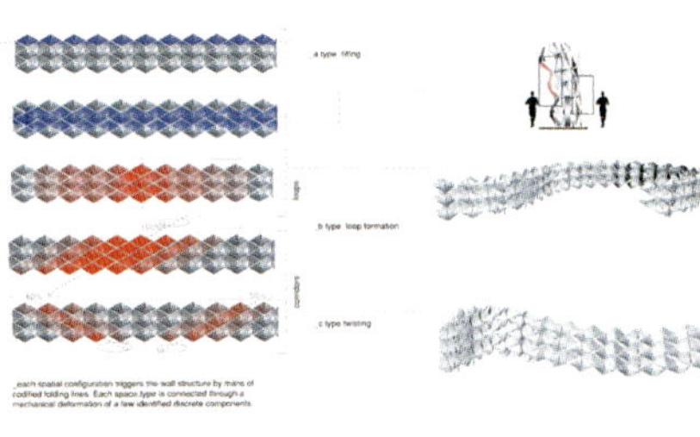

编码、爱欲和工艺
Codes, Eros and Craft

Evan Douglis
美国

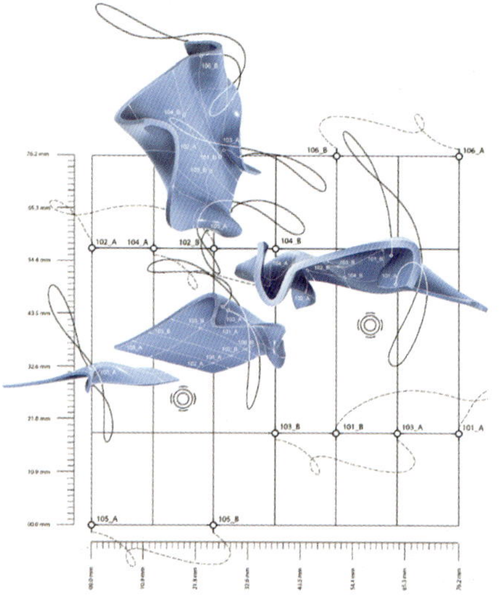

Evan Douglis 认为作为建筑师最主要的任务之一即为消弭建筑和程序代码之间的界线，我们看到很多有关他的作品中，皆不断尝试使用不同的软件工具、素材以及新型的计算机数据控制（CNC）成型机，将数学算法转换成实体的对象和空间，借此让数据具体化，并测试其极限所在，但很重要的一点是，将电脑直接带入设计行为这样的做法，我们不能一味地给予过高的评价。

在 Douglis 的作品中表现出的是极端且精确的关系，程序代码并没有让他的作品呈现枯燥而乏味的结果，相反的，以程序代码所展现出来的建筑，意外地充满了原始的生命力，就如杜尚（Marcel Duchamp）或皮卡比亚（Francis Picabia）无止境的欲望机器（desiring machines）般，科技和爱欲的结合，创造出丰富且洋溢的生活。尽管整体作品以蓝色为基调，而如水晶般流动的光线照耀在 Pouv é 的家具上或汽车旅馆的影片中，吸引了好奇驻足的旁观者，产生了隐喻性和程序性的双重效果。

自动编织 / 自动繁殖

此自动编织 / 自动繁殖计划中，以最小的表面折叠和最大的连续波动图形之间的一致性，证明了表现在慢慢增值的度量单位当中的潜在讯息，这里我们企图在基本单元内设定成波动的形式，展现出各式各样的效果，如同在不断延伸的场域中再次聚集了越来越多的各种大小尺寸，透过操作技术的结合，包含镜射、策略性的滑动以及目的性的波动，当此薄膜向前延展成可程序化的表皮时，我们发现了越来越多令人意想不到的特质。

程序化和装饰

Douglis 的作品中，最吸引人的地方是它图形结构的丰富感，在正式的谱系当中，Douglis 似乎正逐渐唤醒早已让现代主义者所麻木的整个思考历程。为了达到明确的建筑意图，如何从这庞大且繁杂的拓扑数据库中汲取有用的信息即是问题所在，在本案例中，所有计划在此都展现出对拓扑和感知行为

的偏好，这说明了对发展一种新的建筑组件之潜在可能性，即提出一种统一但不复杂的装饰和结构系统，此由一层薄膜所构成，让我们重新检视展示空间和展示品之间传统的二分法，借此获得一种更为聪慧且更具弹性的皮层，以符合建筑结构性、程序化及提供更多想象空间的结果。

以上文字摘录自Michael Silver所编撰之《Programming》一文。（2005年“AD Magazine”9月号）

Reebok上海旗舰店
Reebok Flagship Store

Ali Rahim / Hina Jamelle
美国 / 英国

Reebok为了宣传2003年年底最新的品牌策略——"胜出：穿上速度"（Wear the Vector：Outperform），而赞助了一间有一万平方英尺的旗舰店，此概念店的目标是要将Reebok品牌带入真实的生活空间中。

1. 我们利用建筑计划来发展Reebok品牌的三个特色：向量（vector）、展现（performance）和信赖（authenticity）。

2. 向量是有方向性的力，向量本身会随时间演变，我们可以借时间的动态变化捕捉所有向量的真实潜能。为了将向量转换为建筑的形态，我们在内部空间中，冻结了速度和移动的轨迹，并表现在立面、断面、楼层和灯光上。

3. 我们曾经设计过类似此栖息于向量和表演性质的商业空间之建筑经验，而此举也受到上海"新天

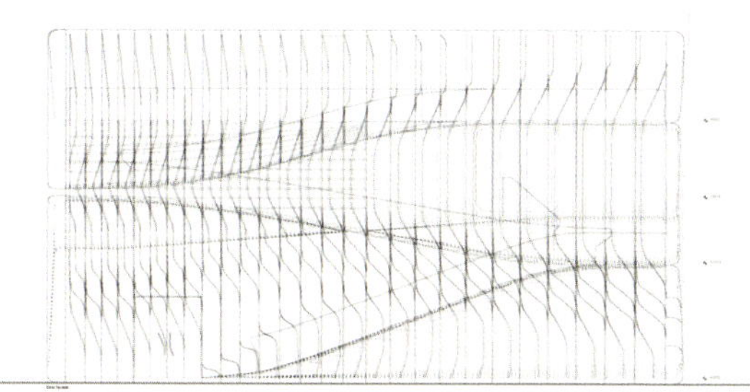

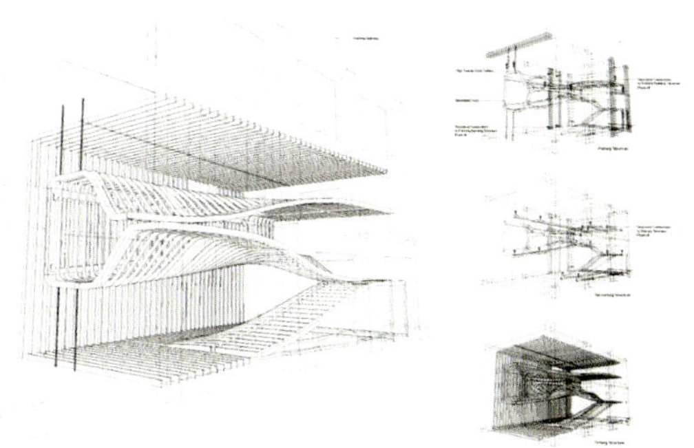

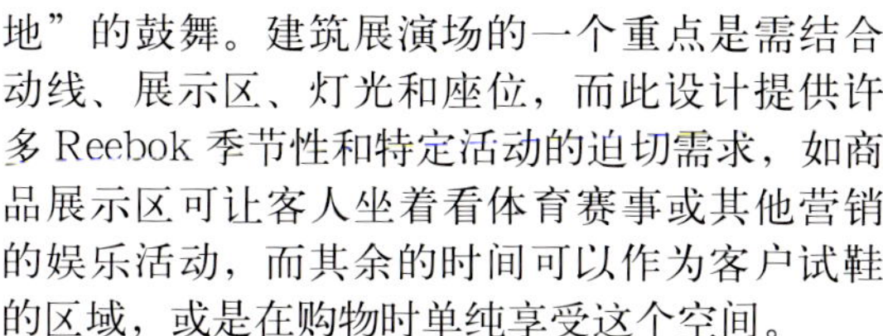

地”的鼓舞。建筑展演场的一个重点是需结合动线、展示区、灯光和座位，而此设计提供许多Reebok季节性和特定活动的迫切需求，如商品展示区可让客人坐着看体育赛事或其他营销的娱乐活动，而其余的时间可以作为客户试鞋的区域，或是在购物时单纯享受这个空间。

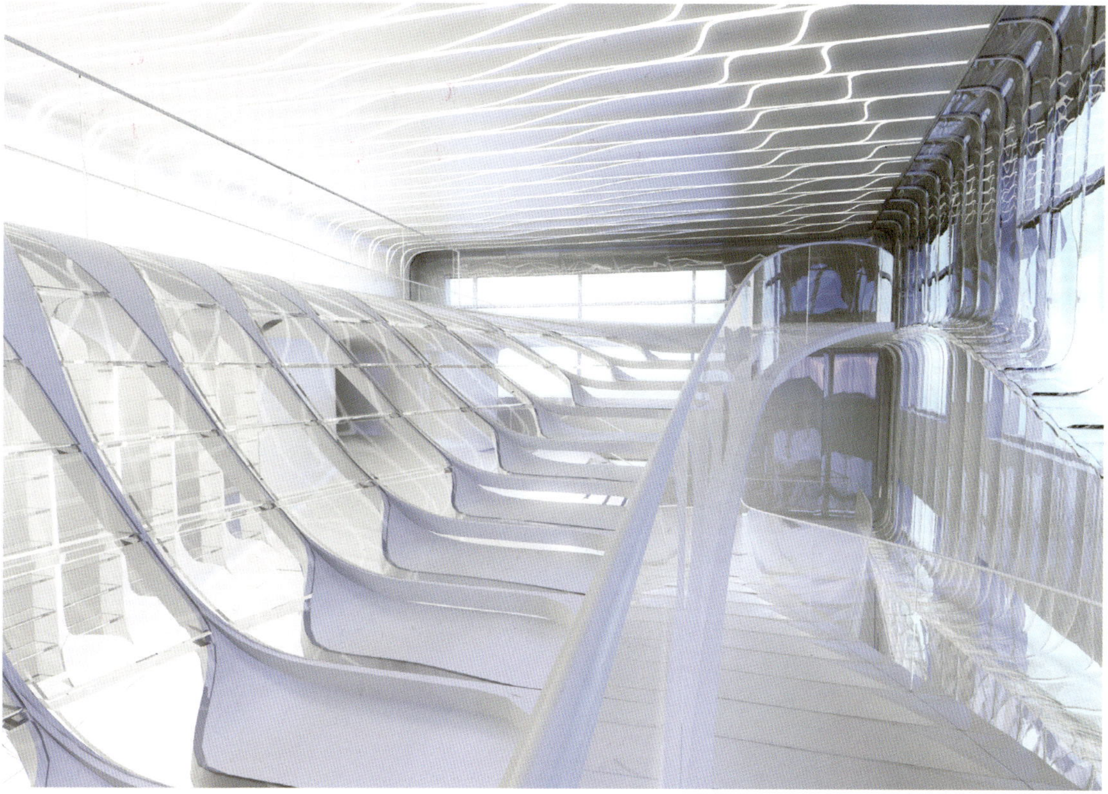

多向度受压结构
Slender multistress driven structures

Guillem Baraut / Mattia Gambardella
西班牙 / 意大利

仿生学是取自于大自然工程系统的研究和设计，是一种方法和系统的应用，它的发展过程是为了响应周围环境的形势，而利用每种元素的特质，创造出最佳的结构形态。此计划借观察自然的结构，考虑了各种不同的评估标准，如结构、拓扑学和动线等，故选择设计行人桥来作为此方法的实验方向。而此明确的设计过程，为创造一个结合实体和数字形体的方法找到了工具，其目的是把压力所产生的结构形体和纤维散布的样貌结合起来，就像大部分的自然系统，纤维的使用或采用类似的方式，是将结构最佳化的一个很自然的做法。

冗余优化之强健性

冗余最佳解(redundant optimum solutions)可被视为解决复杂结构问题的一个重要解决方式，为了获得最好的解决办法，类似的其他方式也早已被拿来测试出不同的结果，而冗余优化则是从这些各式各样的观点中所被挑选出来，其包含纤维分布、拓扑学和动线连接等。

连接

关于形体的连接和最短路径之技术，是参考了德国建筑师 Frei Otto 所研究的丰富成果，在他的实验当中，关于得到最短路径方面，探讨了几种方法，他使用“吸引子”(attractor) 和“抵抗力”(repellor) 来决定流动范围的主体，而没有采取固定的形式。此流动路径分为向量场和林式系统 (Lindenmayer-system) 两部分，为了连接起始和最终两点，这两个系统在搜索和浏览空间中结合成一个混杂的流动路径。

纤维定向

此结构主要的压力方向是没有剪力的，其大部分的压力是来自于垂直向下的地心引力，因而最终设计结果的最佳解决方式就是将纤维的运动方向作为分散主要压力的向量方向。因此，使用结构计算软件 (finite element analysis) 将 3D 形体进行优化，而我们发现纤维的材质能够 100% 形塑出这个最佳形体。

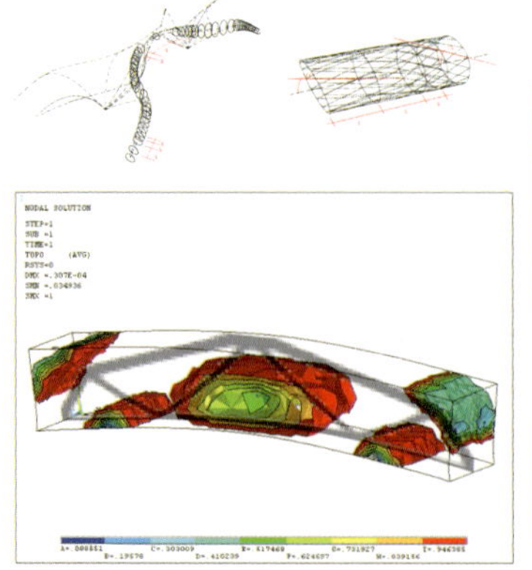

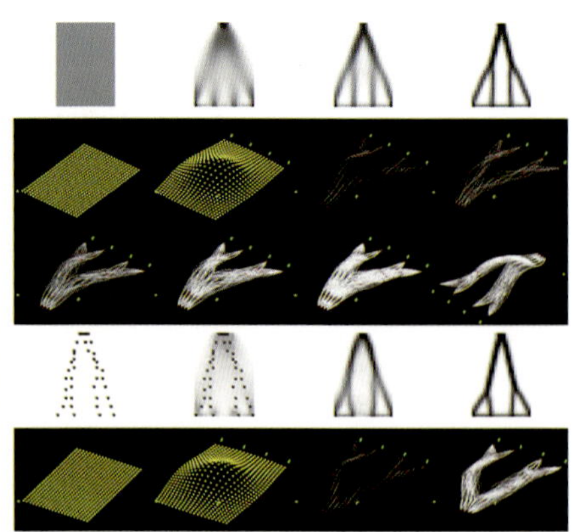

↑ Recursive algorithms diagrams

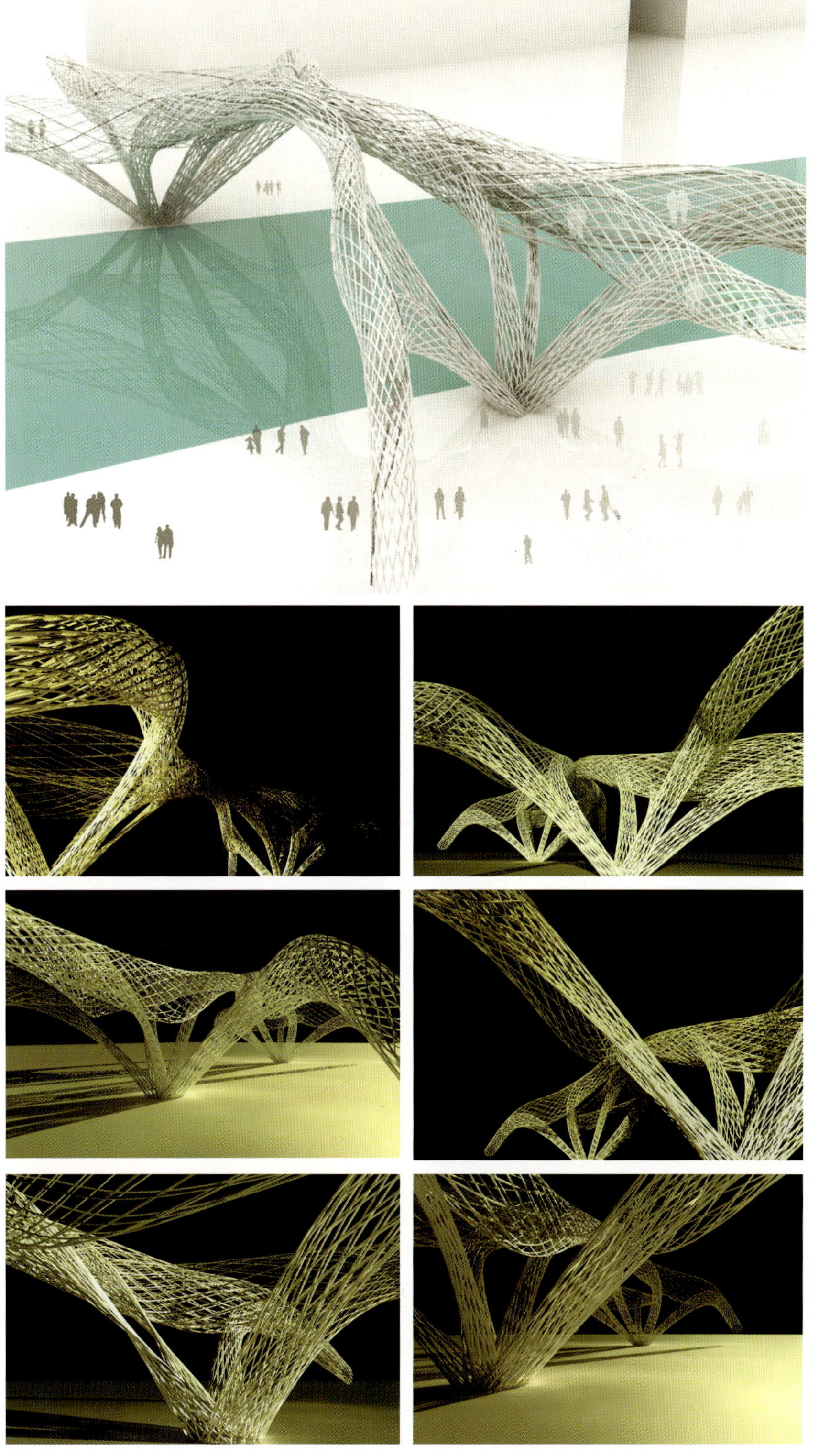

城市大厅
Urban Lobby

MRGD（Melike Altinisik / Samer Chamoun / Daniel Widrig）
英国

EMERGED 团队正在研究关于模糊逻辑（fuzzy logic）的可能性，此是一系列关于发展具聪慧、弹性且更适合生活环境的技术，而本计划即是此运算工具和设计技术的测试场所，MRGD 将此原本专注于系统化“动态毛发工具”（dynamic hair tool）的这个衍生设计机制之研究领域，扩展至更大的范围，使其牵涉了社会、文化和全球组织的层次，此团队所设定的目标是去展现一个具形式的、空间性的及计划性的系统范围，来探讨有关形态生成和自我组织的这个构想。

城市大厅被视为一个不停竞赛且短暂停留的场域，拥有公共的活动空间、私人的会议空间、特别用途的空间、公共和私密的开放空间、地下铁的商务休息空间等，而根据研究结果的最终可能性，是基于满足于当代都市风格和内涵之创意且关键的臆测。由于此城市空间也是一个机能性的大厅，为了达到能够安置不同群体的需求，如承包商、合作商、客户、顾问等，不只需要更多与外部通联的界面，也需要愈来愈多全面性的沟通接口，来提供给合伙人、主管、员工等之使用所需。

此计划为了实现将空间与空间之间的疆界模糊之理想，并使建筑内部的关系相互影响，不同的大厅将被连接且分散至建筑物的中央控制中心，它是一个取代 Atrium 早期概念的结构系统。Atrium 是一个加速垂直动线和交流，并在建筑内部成立集会空间的过渡区之主要角色。

此设计形体是依据动线逻辑而建立的，而这是用一种名为“毛发系统算法”（hair system's algorithm）的程序自动衍生而成，在后制阶段，主要干道成为整体形体的结构脊梁，次要线路则变成行人的动线路径。此形体生成是由格状的流线产生出次要系统，然后再演变成主要结构的逻辑演算方式，这是一个探讨与皮层共同衍生之主要和次要逻辑的难得机会，此牵涉如何将其他的子系统完美地结合在一起之特殊的设计方式。

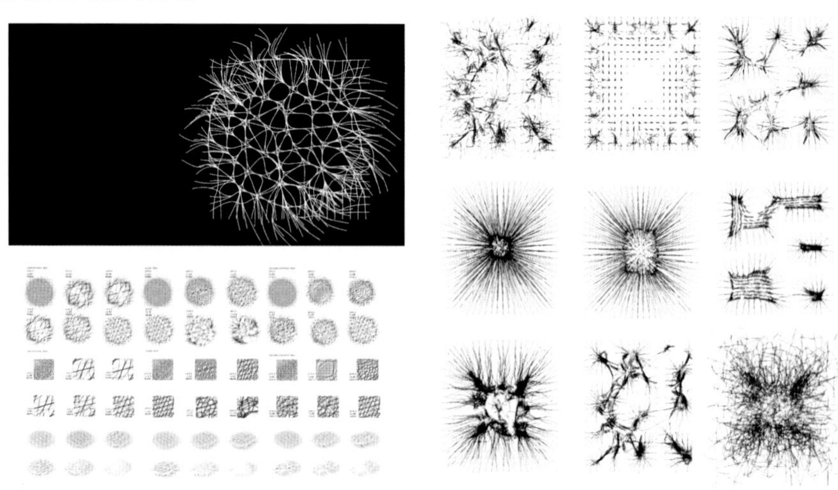

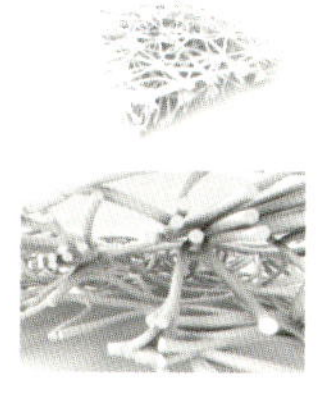

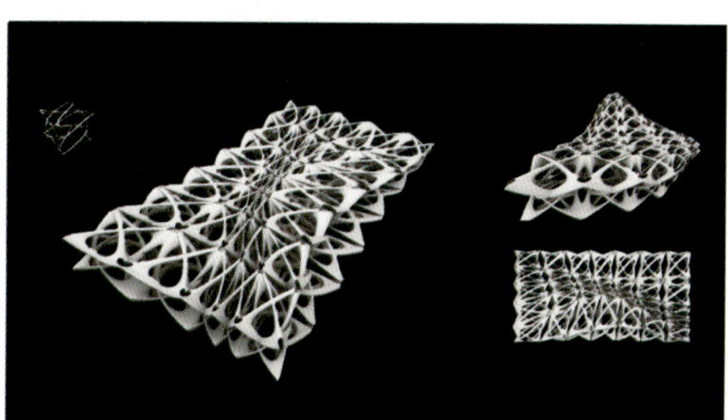

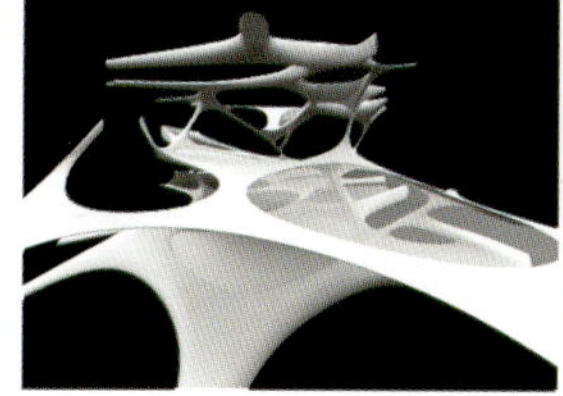

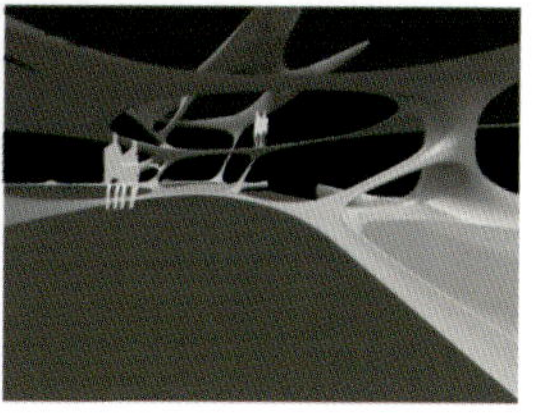

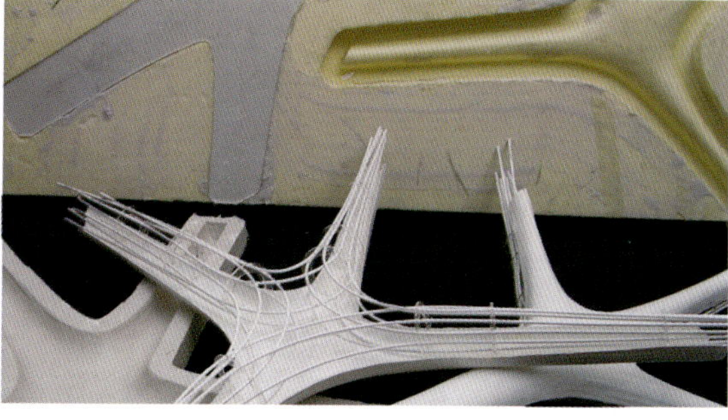

流体墙
Blobwall

Greg Lynn / Emmanuelle Bourlier / Andreas Froech / Christian Mitman
美国

流体墙（Blobwall）针对建筑最基本的构造单元——“砖块”，做了独具创意的重新定义，脱离以往我们对砖块的认知，流体墙是一个不需外力支撑的室内或室外之墙面系统，借低密度、可再生并且抗冲击的环保聚合物作为材料，将在未来成为传统砖块的替代品。流体墙的砖块是一种轻量化、具备多样化色彩且可模块化的流体造型单元，透过计算机辅助机械制造的技术，切割出中空而具有三个圆叶，并能相互连接的独特外形，再借组合的方式构成各种不同造型的墙面。

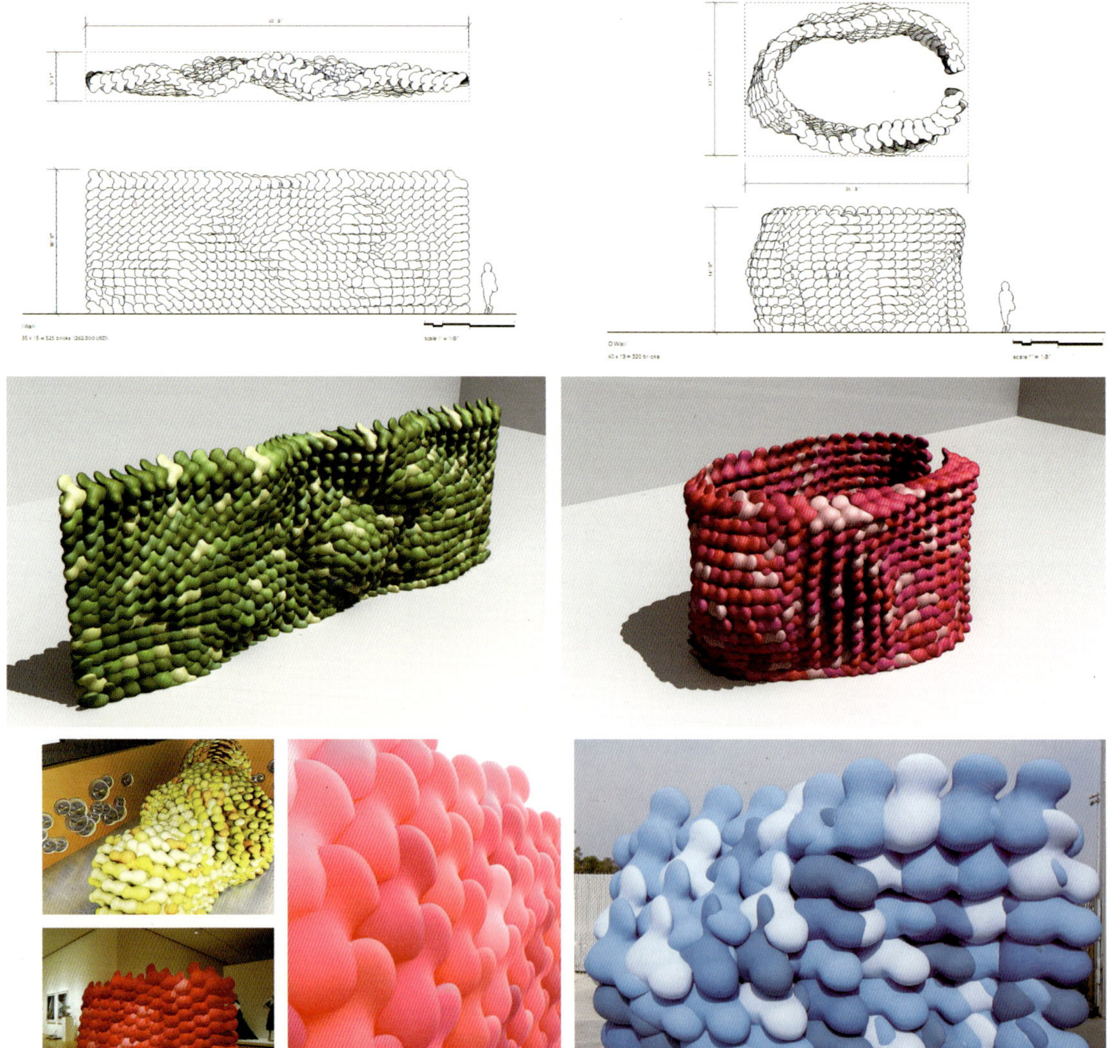

繁花艳开——建筑拓扑几何
Technicolor Bloom: Building topological geometries

Brenna Buck / Rob Henderson
奥地利

繁花艳开（Technicolor Bloom）是一种在结构上的雏形设计，应用了双重的曲线、数字化的造型设计以及可扩展的标准化制造技术。此作品实验了在图形上的未定义性与不确定性：图形在发展自身的同时彼此遮蔽，各种不同尺度的图形在各自结合的同时也相互融合，它在建筑图形上所能产生的变化超过语言能赋予的固定意义，却能引发我们在造型上无拘无束而变换自在的联想。

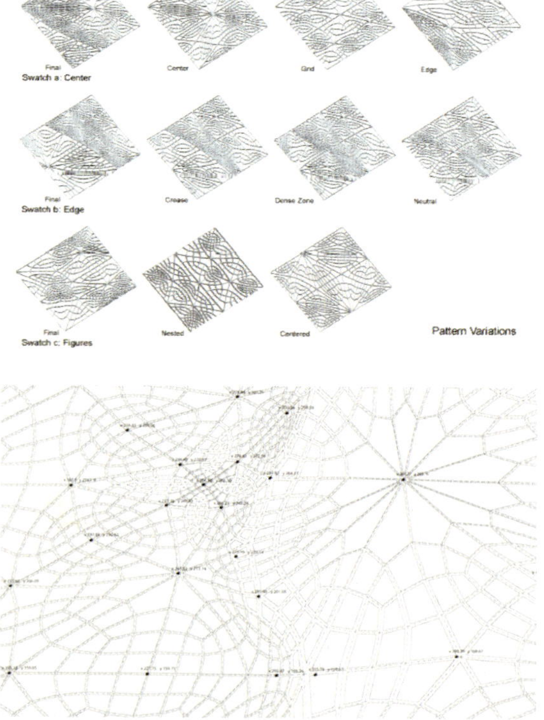

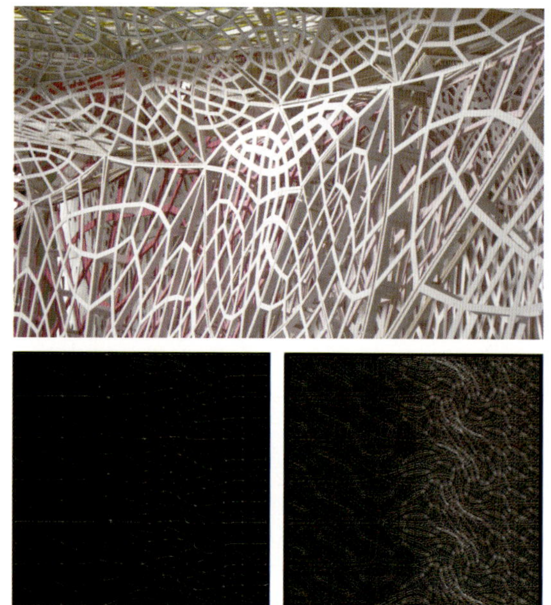

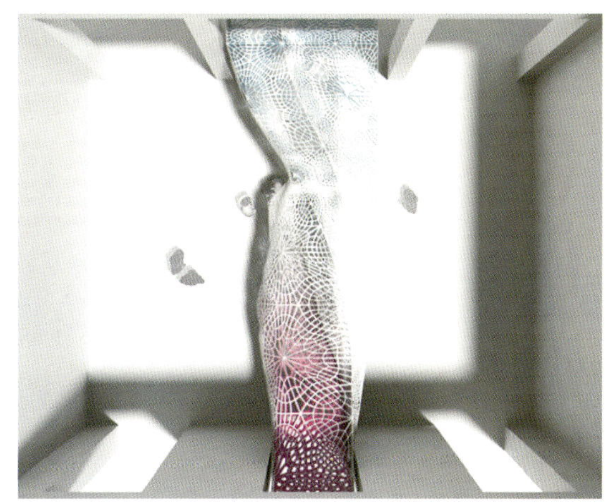

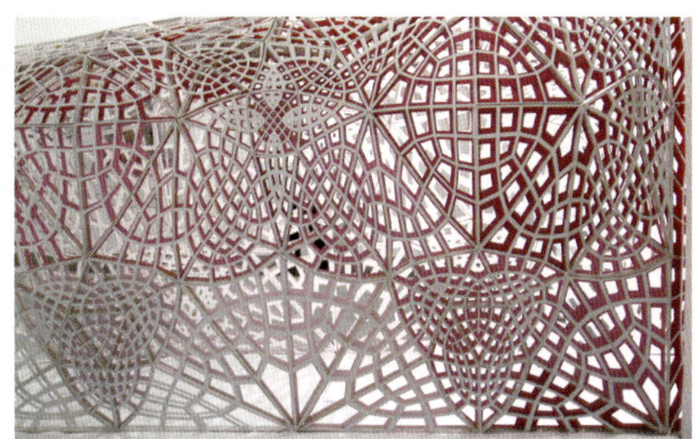

互动环境・分散计算・数字制造
Interactive environments, distributed microprocessing, digital fabrication

Philip Beesley / Robert Gorbet
加拿大

菲利普的有生之地（Hylozoic Soil）提供了环境与居住者的移动行为之间互动的可能性，透过微控制器的硬件配合电路板、记忆金属、制动器以及散布在空间中的传感器，结合成一个分布式的互动系统。当居住者在环境中移动，例如当他们想穿过前方如密林的叶丛时，环境中的传感器察觉到了居住者的动作，便会透过控制器从结构中吸起少量的空气，将仿如有机组织状的枝枝叶叶收起，并形成了动作的波纹。

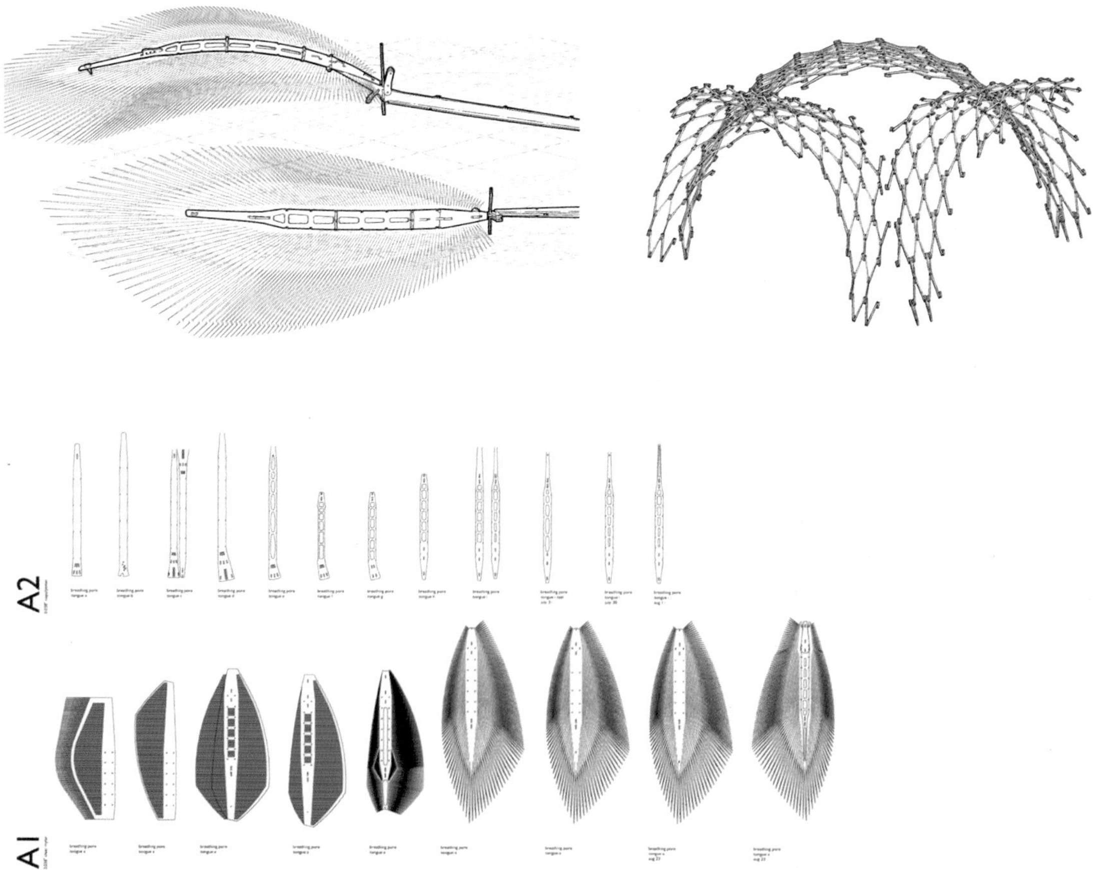

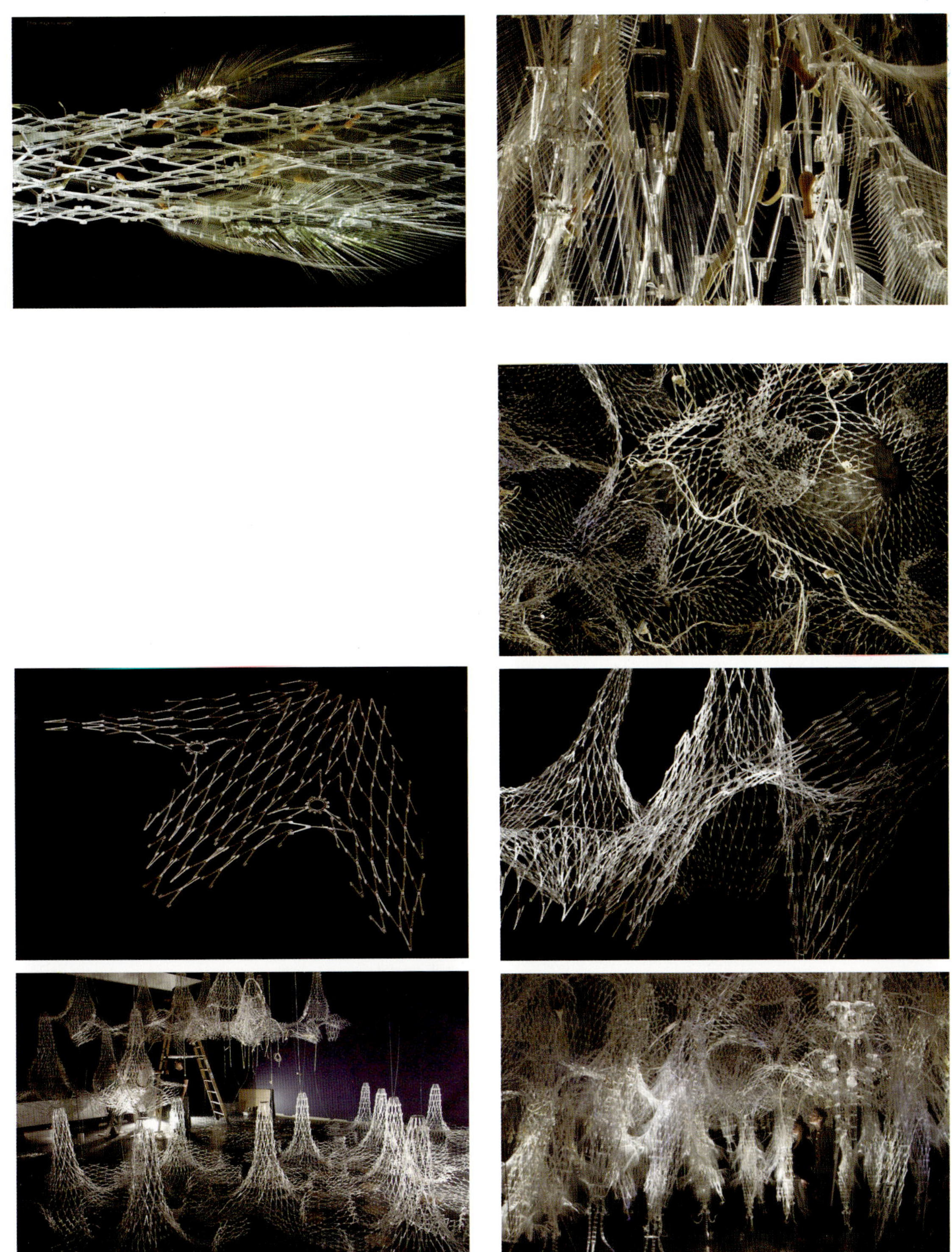

新媒体学校——学校的形态生成
New Media School: Morphogenesis of School Typologies

长友大辅／詹明旎
日本／中国台湾

未来的媒体学校需要一个独特的分布式系统，以允许相互的连接与信息的交换。媒体的研究是横跨理论、科技与管理的，在这样一个信息与通信技术快速变动与发展的时代，我们获取数字化的信息多过于书本与报纸，如互联网已经形成了一个巨大的图书馆，是人们彼此共享信息的主要所在，也让我们交换信息的方式不再是线性的，而是同时的、自发的，且能够交互参照与彼此连接。这也让我们的知识成长为全球性的，一段段的信息构成了对整个世界的整体想象，这些先进的技术也让我们在想法、概念与技术上的疆界得以扩展并合而为一。

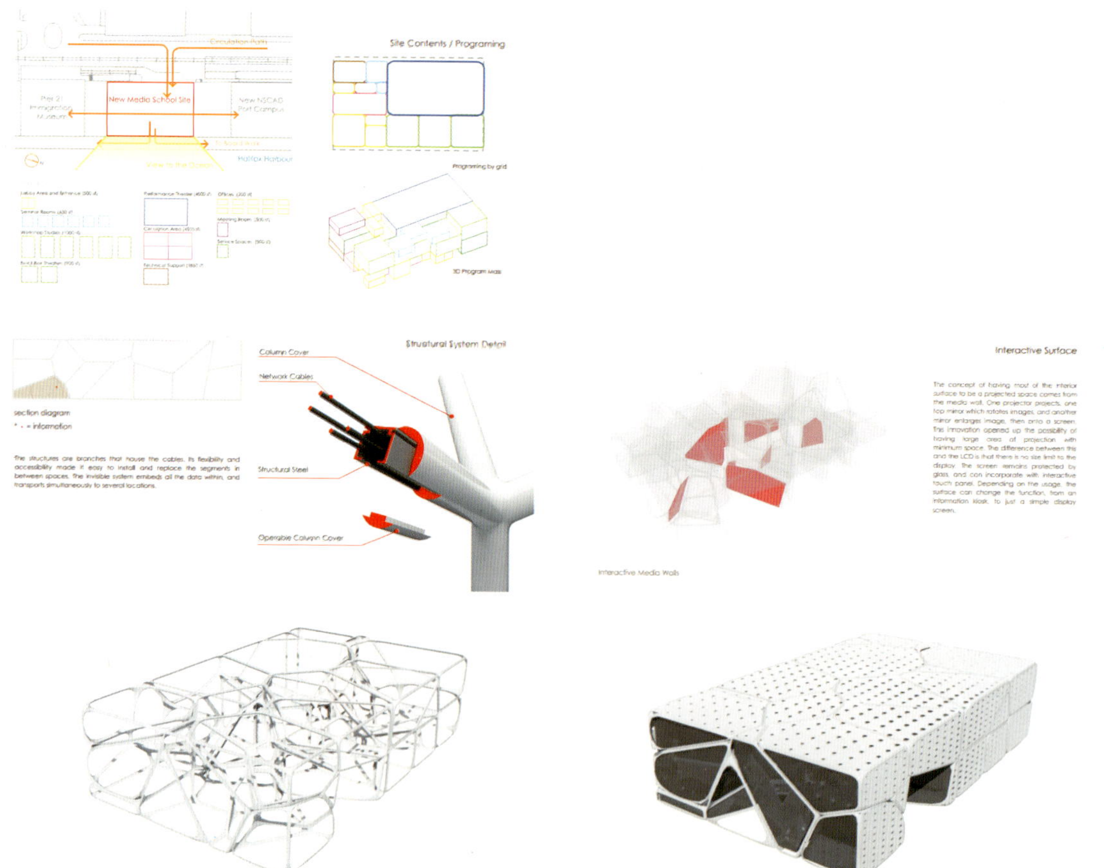

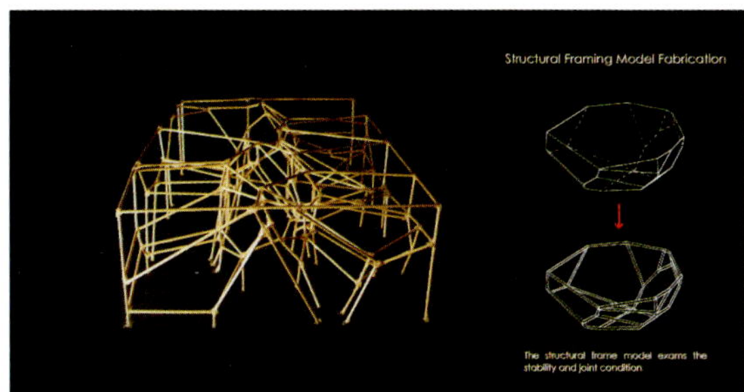
Structural Framing Model Fabrication
The structural frame model exams the stability and joint condition.

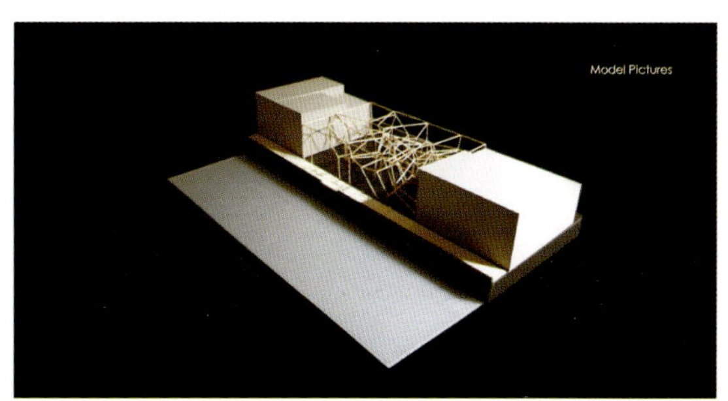
Model Pictures

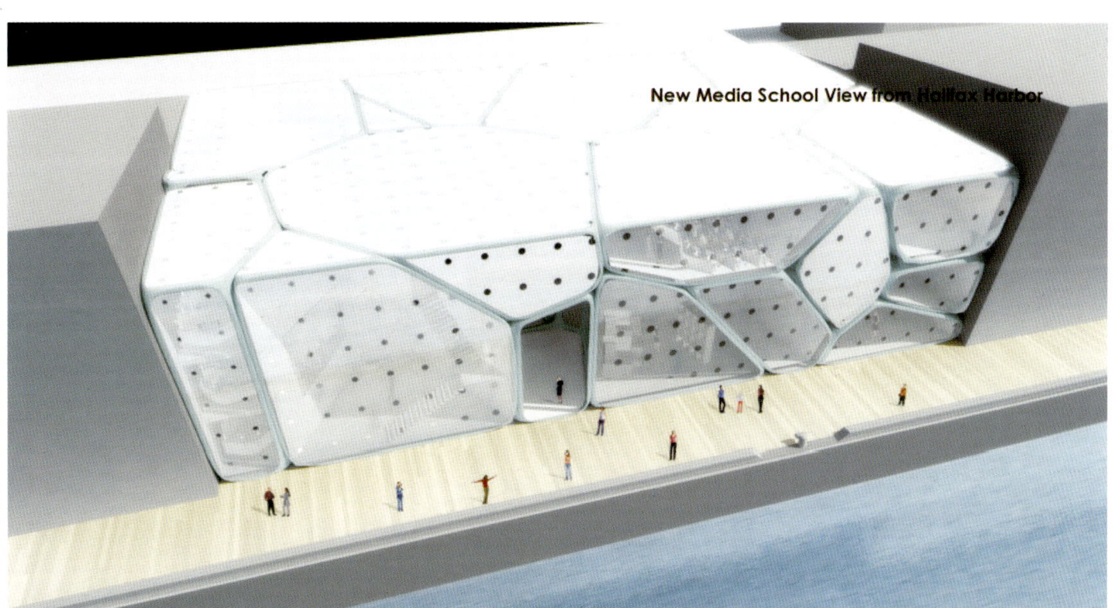
New Media School View from Halifax Harbor

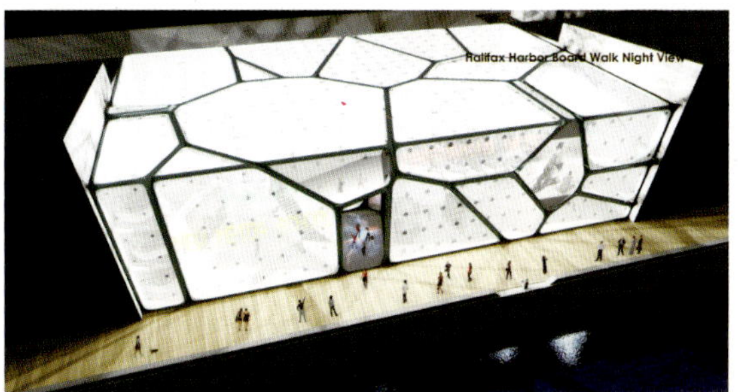
Halifax Harbor Board Walk Night View

New Halifax Harbor Area Aerial View

新竹数字艺术馆
Hsinchu Museum of Digital Arts（新竹 2000–）

Peter Eisenman

业主：新竹市政府
坐落位置：新竹交通大学博爱校区
设计主持人：Peter Eisenman, 刘育东
纽约计划团队：Richard Rosson, Chien-ho Hsu, Ingeborg Rocker, Yolanda do Campo, Juliette Cezzar, Jon Dillon, Marco Galofaro, Bart Hollanders
新竹计划团队：张基义、沈国健、李元荣、林政缘、唐圣凯
场地面积：14,850平方米
设计期间：2000年7月–2001年1月
设计发展：2002–2003

此计划是由纽约埃森曼事务所（Eisenman Architects）和台湾交大刘育东研究室（Aleppo ZONE）共同合作之设计研究案。在 2000 年 6 月 24 日当天的早上 8 点钟，彼得 · 埃森曼（Peter Eisenman）和刘育东正透过电话在讨论这个案子时，忽然激发出一个新的点子。彼此的对话都为围绕在“为什么还要坚持在旧有艺术馆的建造想法上”、“新的可能性”、“新台湾的象征”、“新世纪的象征”和“混合计划”（hybridproject）等，最后，我们设定出一个新的空间概念，此艺术馆不再只是城市中的一栋建筑物，而是一座利用数字网络将整座城市相互连接在一起的“分布式艺术馆”（distributed museum）。

依据城市开发计划，我们以交通大学博爱校区为中心（此为第一层的链接节点），并以旧市区的火车站、新市区的市中心以及新竹科学园区，作为第二层的链接节点，而在这些区域中的重要历史建筑、公共建筑和开放空间，作为第三层的链接节点，最后，以每一户连接到全球信息网络（World-Wide-Web，WWW）的人家作为第四层的链接节点。此数字艺术馆将被设置在交通大学的博爱校区，作为整座数字艺术城的驱动引擎，对于第二层的链接节点，内部将被重建为数字艺廊，并整合进原本建筑内，而第三层的链接节点，将提供大尺寸的数字艺术广告和小型的互动数字工具／输出屏幕。

从传统城市空间理论的观点，此城市承受了比节点间的转换还要更多的改变：它的动线和运输，指的不只是街道和马路，区域的概念是基于对辖区的新定义，来自于每个节点对区域的影响程度。当我们完成设计的第一阶段时，我们感受到 Kevin Lynch 和 Aldo Rossi 等其他人所提出的城市空间新理论，来面对此革命性的突破之可能性。

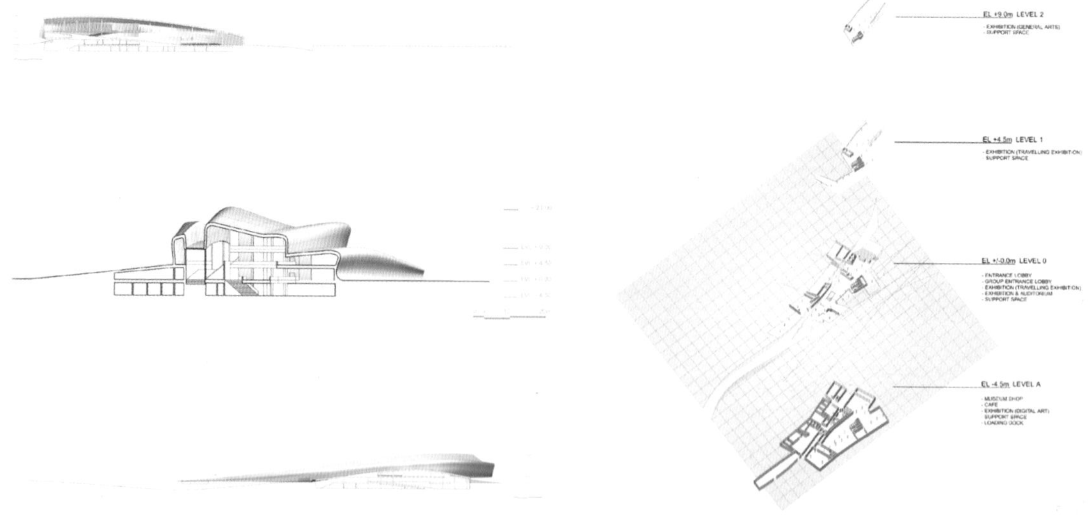

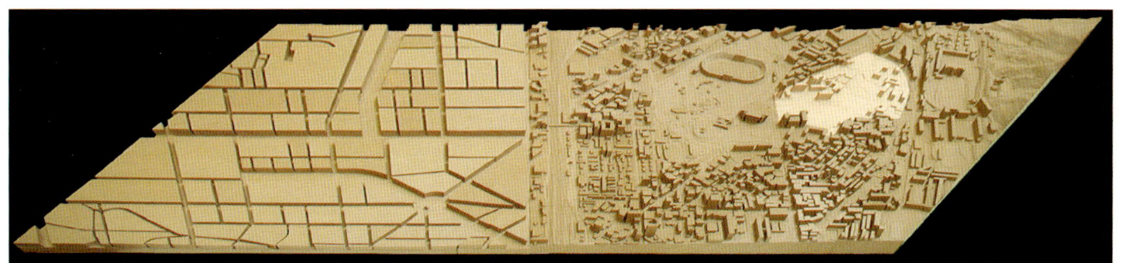

爱宾艺术与科技博物馆
Eyebeam Museum of Art and Technology（纽约 2001）

Greg Lynn

业主：爱宾工作室（Eyebeam Atelier），纽约州纽约市
设计建筑师：Greg Lynn FORM, 洛杉矶, CA: Elena Manferdini, Jackilin Hah
执行建筑师：SOM, New York, NY: David Childs, Roger Duffy, Marilyn Taylor
平面设计：reasonsense: Rebecca Mendez, Adam Euwens
日期：竞赛开始：2000年11月；竞赛截止：2001年3月；颁奖通知：2001年6月

爱宾艺术与科技博物馆（The Eyebeam Atelier Museum of Art and Technology）提供了一个机会，不仅可以为艺术与科技的领域建筑起一座符号象征，同时也可以在实体和电子世界之间建构起一层极具价值的膜片。整座建筑被包覆在可以充当新型媒体播放天幕和电子展演空间的外表薄层当中，这座建筑以永恒的姿态大胆地介入了曼哈顿区的天际线，产生不断变幻的讯息和影像数组的投影，在大众和都会环境间开启了一场对话。

若考虑到在城市里的特殊位置的话，现在我们可以用很经济和科技的方式来理解一座建筑大楼的立面，将之视为比大楼内部更为珍贵的东西，塔楼本身就是一种媒介，另一个用来广播的频道。它将是第一个不以营利为目的的大楼立面移动影像之运用，让博物馆以史无前例的规模成为新媒体的象征与灯塔。透过底部复杂的折叠，这个媒体外层可以创造出空间囊袋，成为行人和博物馆的文化与规划相互互动的门户，建筑的内部具有不时会被固定入口所干扰的中性弹性阶梯，来自博物馆的影像可以透过这些地方来和城市的映像相互融合，这些门户所扮演的角色，是通过博物馆实体与视觉流通的节点。

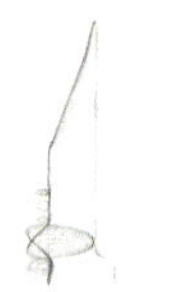

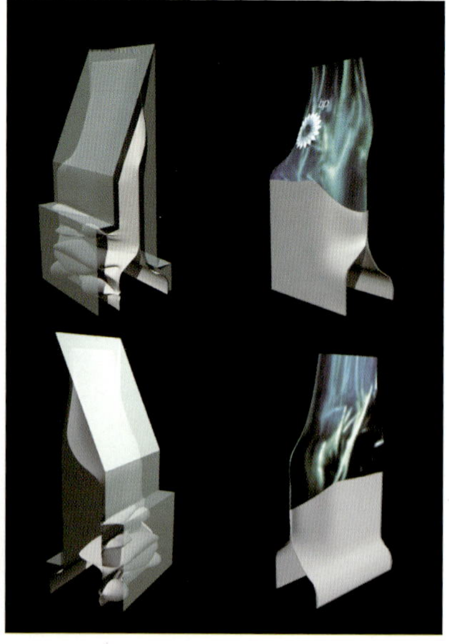

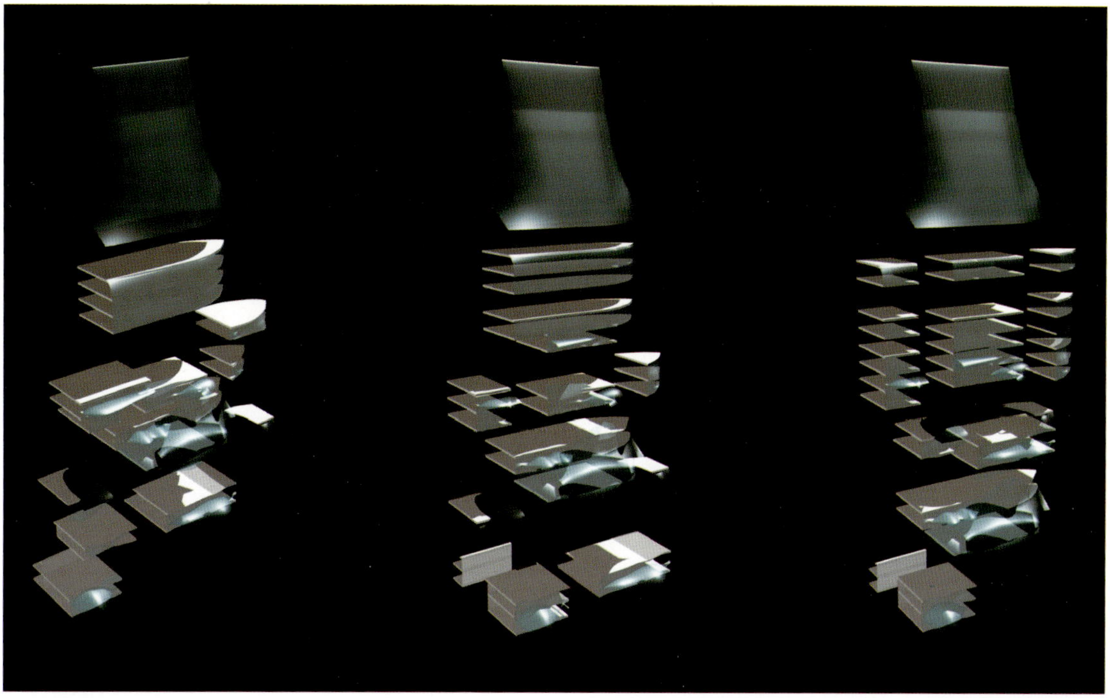

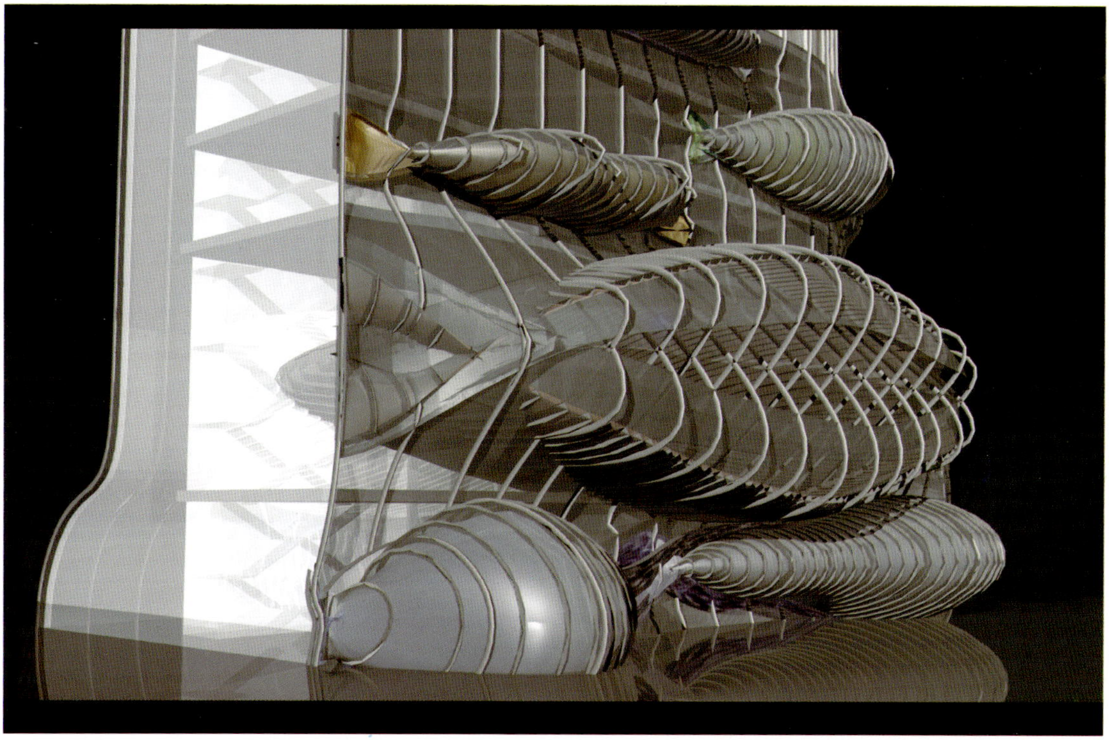

圣高伦艺术博物馆

St. Gallen Kunstmuseum （圣高伦 2001）

Greg Lynn

业主：Hochbauamt der Stadt St. Gallen. Amtshaus, Neugassse 1, 9004 St. Gallen
设计建筑师：Elena Manferdini, Florencia Pita, Patrick McEneany, Nathalie Rhinne, Stefan Hoerner, Jackilin Hah, Nuri Miller
日期：竞赛开始：2001年6月；竞赛截止：2001年10月；颁奖通知：2001年12月

圣高伦艺术博物馆(St. Gallen Kunstmuseum)是欧洲一个十分独特的机构，因为它在同一个建筑结构当中结合了一座自然历史博物馆与一座尖端的当代艺术博物馆。整个设计受到了两种极端因素的限制，首先，现有的大楼的可见到的表面都无法被碰触、改变或盖住，其次，扩建的场所需要保留博物馆后方，直接连接到公共公园的通路，这两项限制条件意味着需要有地下通道来连接现有的艺廊。在下层扩建部分，上方的两个楼层，我们采用浮动式的档案与存储空间，要不然也只好把它们埋到地底下去，这就让竖立着纪念碑的入口可以把下层扩建部分的屋顶当成广场，以通向邻近的公园；夹在这个户外顶棚和广场之间的部分，我们设计了三个特别的空间，每一个各自拥有从城市和公园望过来可见到的雕塑艺廊。

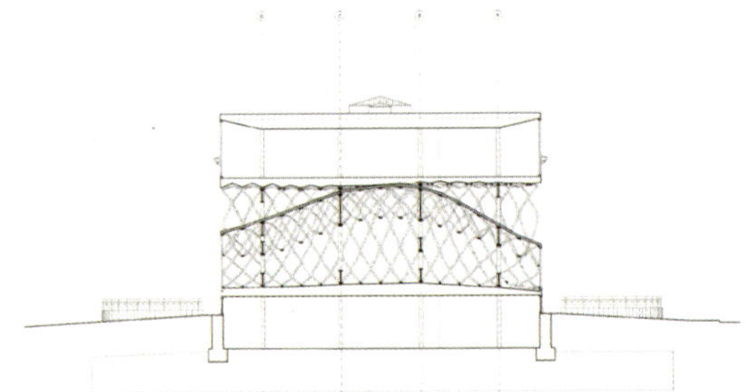

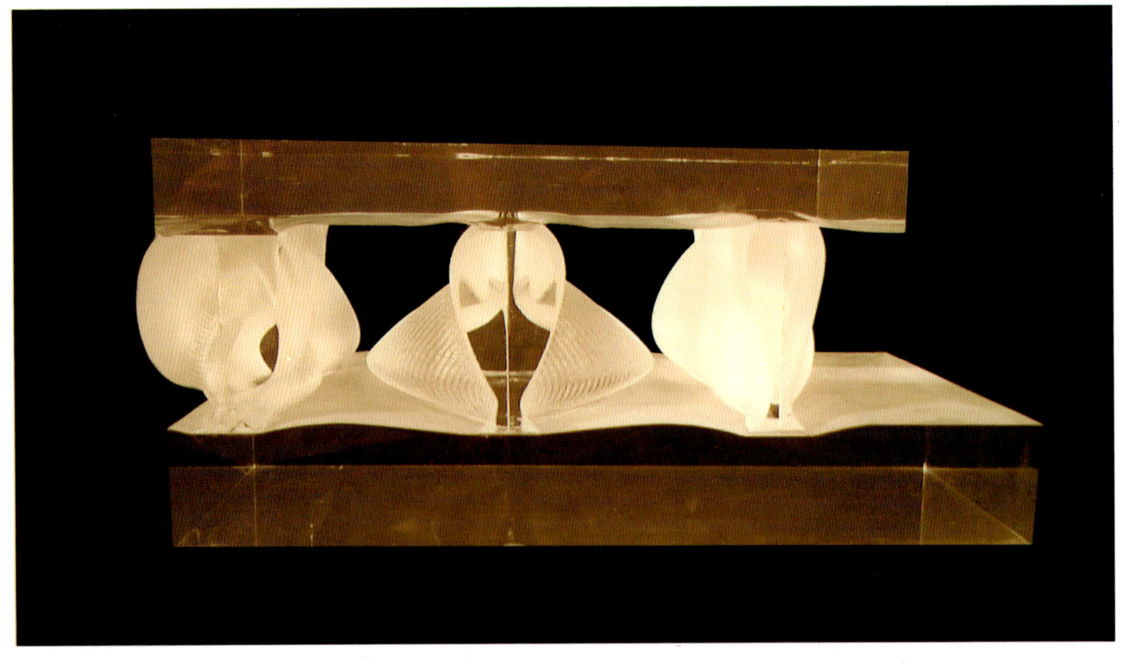

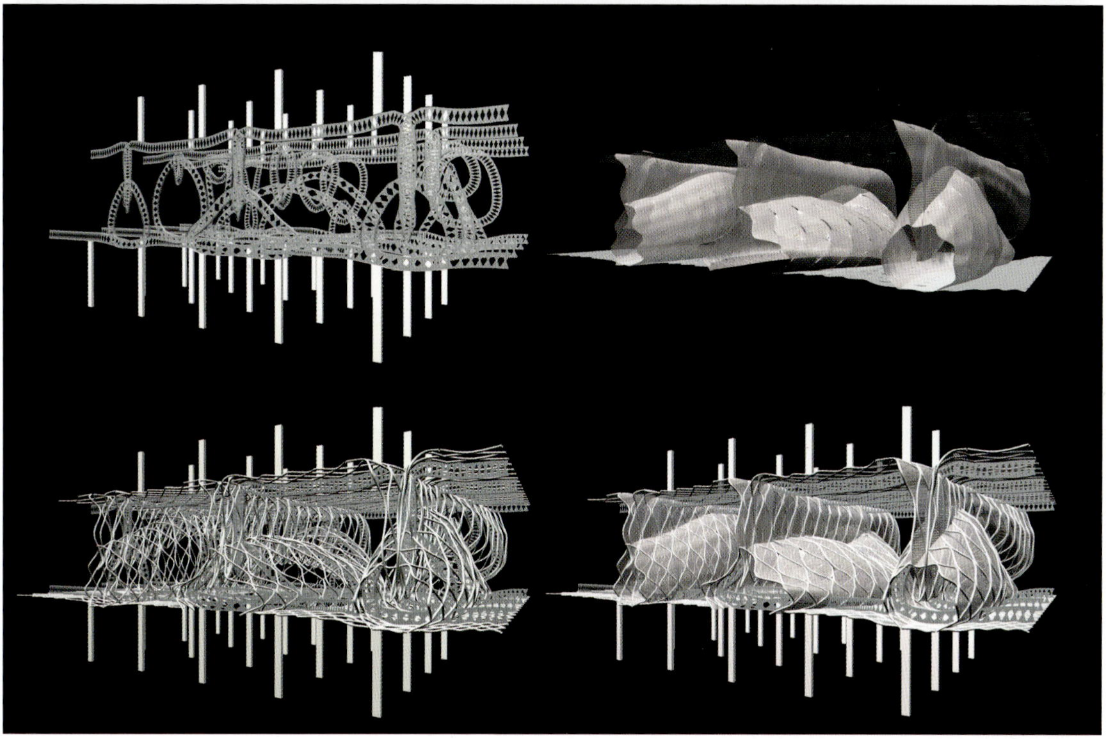

东京地铁饭田桥站
Subway Station / IIDABASHI （东京 1991–2000）

渡边诚

业主：东京都地铁工程处（Tokyo Metropolitan Subway Construction Corporation, Tokyo, Japan）、东京市政府交通局（Transportation Bureau of Tokyo Metropolitan Government, Tokyo, Japan）
坐落位置：Koraku, Bunkyo-ku, 日本东京
施工时间：（建筑）1999年2月–2000年10月；（土木工程）1992年7月–2000年10月
规模：楼板面积：13090.65平方米；**高度：**GL+24.0米；深度：GL–33米；长度：376.5米
日期：竞图：1991年3月；概念设计：1991年4月–1991年11月；设计发展：1996年10月–1999年7月

世界第一个以计算机程序生产的建筑设计：建筑中的复杂。

让隐藏的可见？

不论这隐藏的是城市的组成或者是它的经济架构、美、状态或者甚至于爱？我想，借接触实际材料，“创造”这件事的意义和重要性，不只存在于建筑上，应该还存在于更宽广的意义中。在这种状况下，我们企图做的第一件事便是要展现建造地下铁信道所使用的实体架构，这样一来，我们的构想同时也满足了地下铁车站一个新的用途，类似一个工业博物馆，并且已完成的室内装修还可以减少全部建设费用。

然而，要让过去被认为自然该隐蔽起来的事物可见，裸露出来，是一件困难重重的事，其中包括工程上的技术问题，但最重要的是在规范、系统和人们的习惯上的改变，在经过一段漫长过程的尝试和努力，逐渐让各方的配合与接受后，一直以来隐藏的事物现在终于被显露了，展现出它本身的美。另一方面，网状结构（Web Frame）的置入形成了另一种的管道，网状结构继承了工程所具有的特性，而不断扩充、转化成一个更复杂、交错、脉动的网络系统，渐渐地成为第二种重要的地下管道。

在一连串我们称之“演绎城市”（Induction Cities）的研究发展与实践过程下，借计算机程序可自动演绎和运算的功能，网状结构系统可容纳更庞大和复杂的内容，产生了世界上第一个由计算机程序运算而生成的建筑设计，我们简称为PGA。

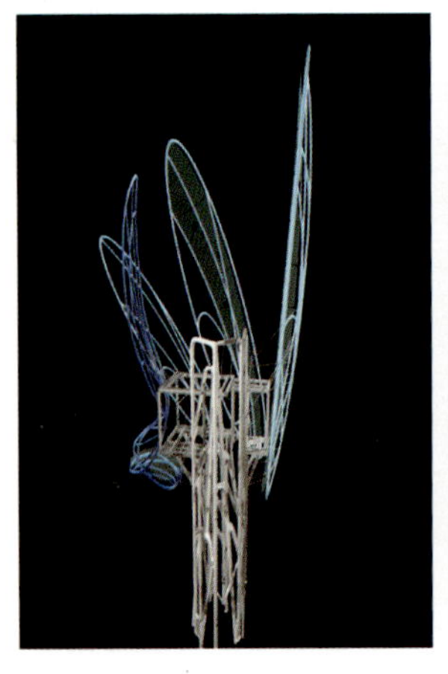

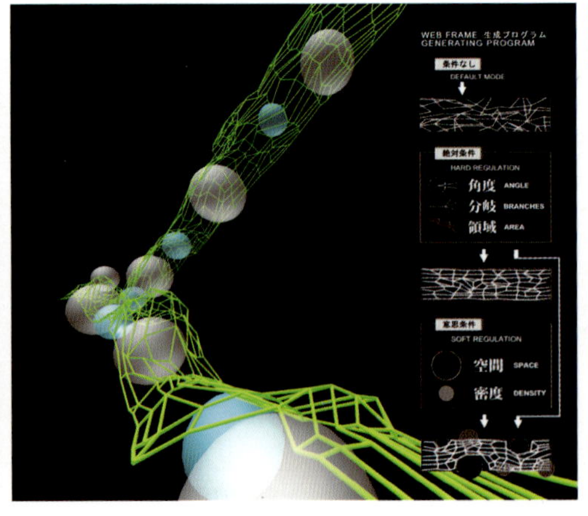

bi.Organic @rchitecture / Web Frame（网状结构）

演绎城市这个研究的重要性在于寻找出更好的条件设定。

什么是网状结构所需的条件设定呢？最主要有两点：

1. 空间和环境条件的限制。2. 空间将来所需要的体积和密度。

第一个条件：绝不允许我们随意改变任何环境上的因素，就好像在地面上不能随意选择场地上一样，同时要让五种以上不同角度交错的管道以同一点交会也是非常困难的，我们必须建立个别的参数以自动地解决这些特定的条件，这基本上和建筑结构的设计是类似的工作。第二个条件：空间需求的参数制定，透过指定空间构建的相对位置和体积改变而产生所需要的空间，一种灵活的制定。

要能发展出刚好满足以上这两个条件的程序，是一件非常困难的工作，我们尝试了很多的方法来达到这个目的，却发现就连在三维空间中以自动化程序设计出一个封闭的自由框架都是困难重重，空间多面角在应用上有其限制性，更何况所有的空间节点都必须相连。这与传统建筑空间架构中以固定的角度和材料，以固定的样式装配的原则不同，空间的角度过大，随时都有可能发生崩解，并且无法预料方向性。

自由，有时很容易就变成混乱。

这个设计的重要概念之一，是要让混乱其实是根据某些规律而发生的，尽管结果的呈现可能显得韧性和随意，但却十分严格的遵守其必要条件，无论是混乱或是任何复杂现象的产生。

自由与和谐共存！它像是一个永不可能实现，由一群只会空谈的人们在会议中提出的广告标语，但它不只是一个口号而已，我们已开始看到它能够被实现的前兆。

场——边界状态
AGORA：Boundary Conditions（奥斯陆中央车站 2003）

Birger Sevaldson

设计概念与主要设计：Natasha Barrett and Birger Sevaldson
设计执行：OCEAN NORTH: Birger Sevaldson, Tuuli Sotamaa, Michael Hensel
统筹与计划：Natasha Barrett
设计团队：Øyvind Hammer, Are Nielsen, Markus Høy-Pedersen, Hanne Marte Holmøy, Ambjørn Viking, Sylvia, LeSoil, Heidi Leren, Dan Sevaldson, Svein Berge
产品：Rom for kunst: Mes é n as
装置：All Productions, Håkon Klemtsen
本案赞助：Lyd og Bilde, Norsk Kulturråd, Celexa, NoTAM and Abry Design

边界状态（Boundary Conditions）是一个超越空间边界的装置，介于与听觉、实体空间与建筑之间，这个装置伸展在奥斯陆中央车站（Oslo Central Station）月台大厅的步桥下，并环绕着桥体。

边界状态主要构成的四项要素：

* 由 5 片大型膜面和 150 米长的铝管组成的实体构成。
* 在桥上方使用 ambisonics spatialisation 技术（高度传真立体音响技术，可高度重现声波方向性），投射到 8 个喇叭发出渐变式音符，配合其他 4 个在桥下的喇叭装置。
* 电子装置可将薄膜和铝管转变成由计算机所控制的乐器装置。
* 可与桥上行人、音响装置实时互动的红外线感应屏幕，所有的音响装置、电流感应、屏幕系统都是中央计算机所控制的。

边界状态透过许多种不同方式被体验：

如在实体建筑空间中随意走动，所得到的空间经验，或是站在桥上方的 8 个音响下，甚至只是车站的乘客在旅途中所经过的一小段空间，都能感受它。'

概念设计

借最新的 ambisonics spatialisation 技术（音响空间化技术，重现真实的音响空间环境），我们可以创造出三向度的音响环境，配合实体的空间元素，使得建筑与音响随着时间、空间相互影响和改变，于是新的空间便产生了，在这样的架构下，我们孕育出“场”的设计概念，它是一个“音乐剧场”的概念，将音响、实体建筑空间和现场表演拓

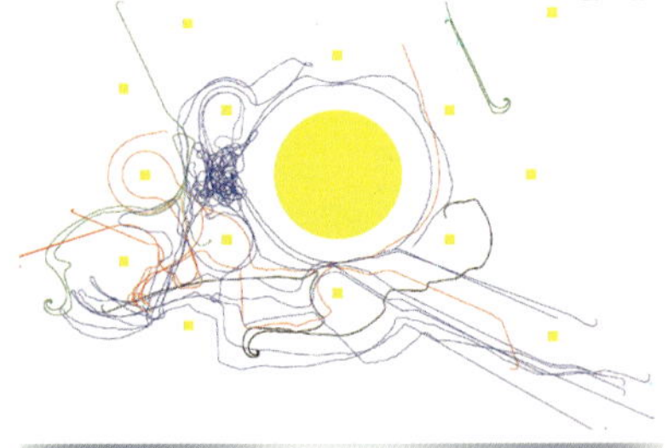

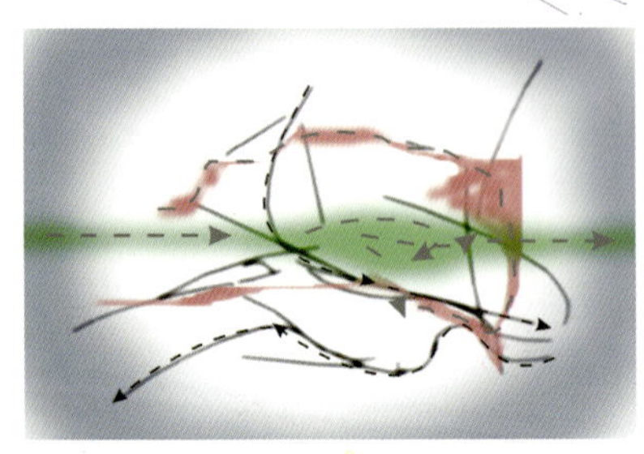

展为多层次的空间剧本。

*边界状态*是将音响实体化的作品，所有的设计元素都根据一个通用的概念模型，即随着时间演变，由计算机所仿真各种不同性格的“代理人”或虚拟人物，在虚拟空间中所留下的轨迹；这些“代理人”或虚拟人物是试着达到某个定点，但不会相互碰撞或是碰到任何固定的物体，所以我们必须要将建筑物中每一个装置的真实位置和空间中所发生的活动结合，也就是奥斯陆中央车站的真实情况，由图中可看出边界状态的概念模型实现后所呈现的音响空间。

现场电子装置

透过一些旧硬盘使 8 片薄膜震动，而每一片薄膜都连接着一组音源扩大器和计算机控制的音源输入口，所以这些薄膜可发出不同频率的音波，而六根铝管则被计算机控制的音锤所敲击，整个设计装置包含电磁体(electromagnet)、音锤、杠杆系统和计算机转接卡。

新奔驰博物馆

New Mercedes Benz Museum（斯图加特 2001–2006）

UN Studio van Berkel & Bos

业主：戴姆勒克赖斯勒公司
位置：德国斯图加特梅塞德斯街100号
计划：完整收藏奔驰车辆的博物馆
设计团队：UN Studio: Ben van Berkel, Tobias Wallisser, Caroline Bos with Marco Hemmerling, Hannes Pfau, Wouter de Jonge, Arjan Dingst, Götz Peter Feldmann, Erwin Horstmanshof, Gregor Kahlau, Björn Rimner, Alexander Jung, Mike Herud, Thomas Klein, Simon Streit, Taehoon Oh
合作伙伴：Wenzel + Wenzel, Karlsruhe: Matias Wenzel, Markus Schwarz, Clemens Schulte-Mattler, Mark Schwesinger, Ina Karbon, Christoph Friedrich, Stefanie Hertweck
结构和立面：Werner Sobek Ingenieure, Stuttgart
几何顾问：Arnold Walz
气候工程：Transsolar Energietechnik, Stuttgart
经费估算：Nanna Fütterer
基础设施：David Johnston, London
建筑面积：25000平方米
建筑容积：200000立方米
场地面积：62000平方米

联合工作室设计出德国斯图加特新奔驰博物馆的获胜作品。现有的博物馆建筑建于 1923 年，如今已经太小而无法能提供足够的展览空间，新博物馆将涵盖 20000 平方米的展示空间，以陈列奔驰的各种新旧车款，除了展示空间之外，博物馆里还有一家博物馆商店、餐厅、空中走廊、儿童博物馆和电影院，拥有 45 万参观者造访的奔驰博物馆，将是斯图加特最多人参观的博物馆。

计划的任务包括新博物馆和直接环境都市发展的设计，建筑的组织架构是以参观者连续改变的定向以及内部与外表的动态交换为基础，参观者的行经路线是从上到下来穿过整个博物馆。

这个博物馆计划是涵盖在错综复杂的配套当中的一部分，其中包括各式各样彼此交织的展览、公开的节目表演、维修服务和支持计划。楼板平面的转换挑战着车轴草平面部分区段的对称性，就空间上来说，建筑本身呈现出双螺旋的架构，车轴草的叶子在一个三角形的空隙周围旋转，形成 6 块水平的高原，交替占据了单层与双层的楼高，造成了 6 个双层高度和 6 个单层高度的展示空间。整个组织并没有形成一个连续而单一的表面，6 块高原本身是水平的，而有坡度缓和的斜坡道来连接它们之间彼此的高度差异，这种组织所要达到的效果是创造出令人兴奋的空间星座，提供大范围透明的选择、快捷方式、封闭与开放的空间，并且在不同的展示场所之间激发出连续性与交叉参酌的潜能。

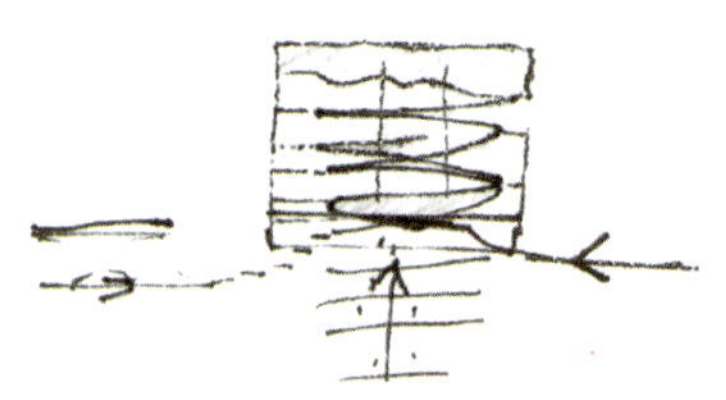

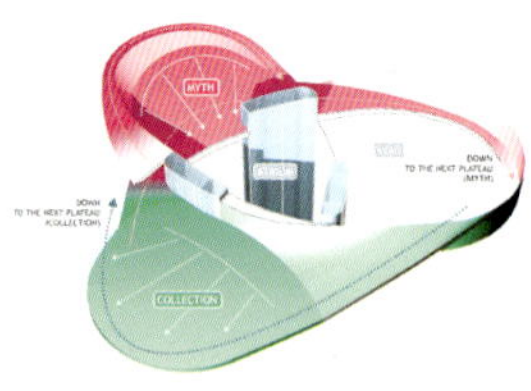

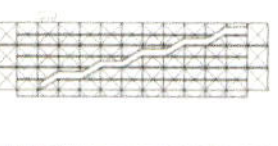
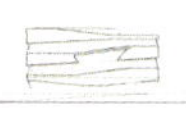

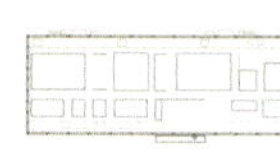

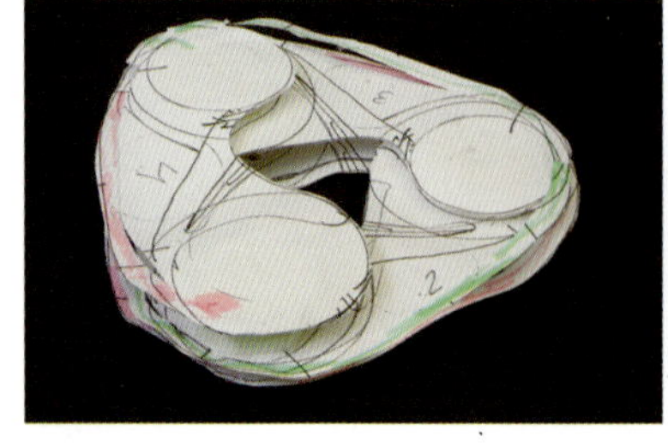
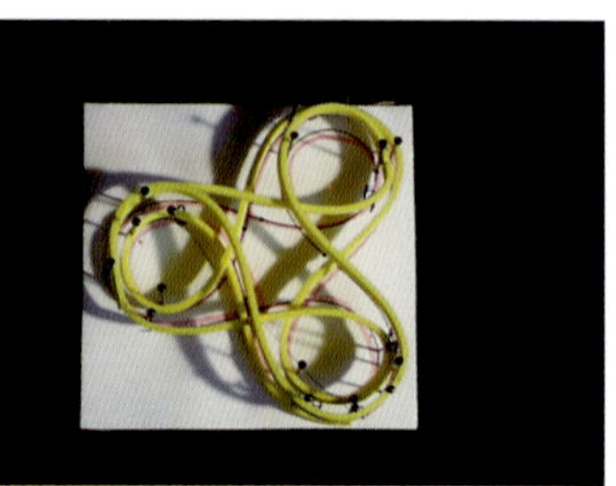

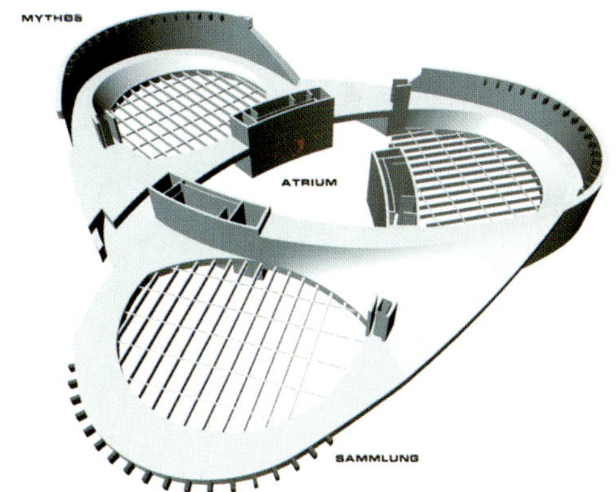
MYTHOS
ATRIUM
SAMMLUNG

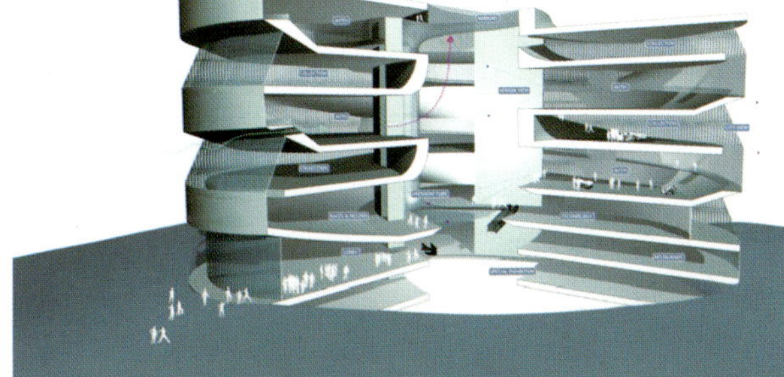

媒体——银河系：爱宾办公大楼
MEDIA-GALAXY: Eyebeam Institute（纽约 2001）

MVRDV

设计建筑师：MVRDV: Winy Maas, Jacob van Rijs and Nathalie de Vries with
Rene Marey, Andrew Tang, Kersten Nabielek, Bart Hollanders, Jeroen Zuidgeest, Sven Thorissen, Marc Joubert, Anet Schurink, Caroline Nagel, Ismael Miguel, Andreas Pedersen
联合建筑师：Garrison Siegel Architects, New York: Robert Siegel
结构：Ove Arup and Partners, London and New York: Rory Mc Gowan, Matt King, Chris Carroll
大地结构：Mueser Rutledge Consulting工程顾问，纽约
服务：Ove Arup and Partners, London: Stephen Jolly
消防：Ove Arup and Partners, London and New York: Andy Passingham
成本控制：Pete & Company, New York: Peter E. Federman
音响：Eline Wieland and Marino Gouwens, Rotterdam
模型：Vincent de Rijk, Rotterdam
平面设计：Graphic Language, Rotterdam: Paul Ouwerkerk with Mathijs Labadie

PROGRAMME　SORTED

CLUSTERED　ATOMIZED

HOLLOW SKYSCRAPER

处在全球的任何位置和科技上艺术立即改变的状态，新艺术和媒体是如此和每日的生活连接一起。

制式机构是最后发生的事件，当然它可能成为一个变化的机构。在教育、研究、发展、通信和展览的结合，看起来似乎都是这现象的正确解答。媒体和建筑形成一个截然对比的结合：好比水银相对于惯性，盲目射击相对于传统主义。然而当这两者在处理“空间”时，模仿或者模拟新媒材并不能当做建筑的指导方向，没有一个案子的时期比“超现代”（ultra-modern）媒体基础的建筑图像更快速。实际的实践方法似乎有更多奖励。计算机的引进转变了现代的办公空间，相对的带来阴暗、抑郁，办公区域闪烁、这破坏了传统典型的空间计划。

曼哈顿塔（Manhattan tower）：“倒转”成为更适合的方式，它创造了四周楼梯、电梯和电梯间的通道包围的工作空间。它导致了一个开放的隐蔽平面，由一个沟通的包裹区域所包围：一层容易接近的皮层，在其中所有的通信、服务、结构都因此被定位与成形。透过使用既定的都市分区计划的最大限制，能容许室内空间虚体一个超出尺寸的体积，成为一个由建筑物聚集的地区，强调无穷的内部功能，“Eyebcam”像是一个能被用地址称呼的承租区域。

呈现的封装把这个机构变成周围的地标。它的笔直性、它的实用主义、它的非正式和它的大胆性能连接起直接的、务实的、非正式和相对大胆活跃的这些周围邻近地区的特性。

皮层是穿孔的，能给空心塔带来光亮。计算机控制的百叶窗板容许任何光线的组成：从极暗到天空光，从整体到个体。百叶窗板中添加声学材料，空心塔的任何声学处理可被实现，从个人亲密的声音层次到像大教堂里戏剧般的声音。透过把两个位置点举放在适当的地方，它变得能引导两个分离的细支流，一个是爱宾办公大楼，一个作为出租。

透过办公室空间在空心塔之内悬挂空心梁，封

闭可分离的空间能够结合更多在顶部的通信环境。它们扮演像结构上适于居住的支撑物，而皮层则对环境敞开：Eyebeam 和谐了周围环境的视野，它们不同的位置都是在最高处，想是指引一样，考虑到在城市中不同透视角度的选择。

重新平衡新中介的内向性，透过圆角，它能够容易延续任何的计划，从墙、顶棚到楼地板，反之亦然。这个运作方式能够实现可出租的分离空间目录，而成为 Eyebeam 企业的一部分。

单直梁，双倍或三倍高的梁在室内的夹层中，交叉梁体现了交会点，楼梯间和大阳台亲密地地街道上周围的景观上所收集的视野结合在一起，高而窄的房间容许私密的相遇等等。

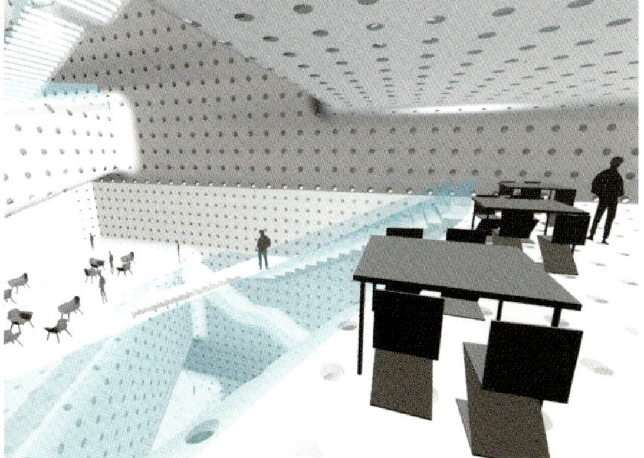

观察者——家庭包
Observer: The family (of) wraps （台北 2007–）

MVRDV

业主：德年国际开发股份有限公司
位置：台北县澳底
设计建筑师：MVRDV: Winy Maas, Jacob van Rijs and Nathalie de Vries
设计团队：廖慧昕, Thomas Krarup, Noemie Cristobal, João Amaro, Renier Winkelaar, Marta Pozo Gil, Daniel Sautter, Jeremy Ehly, and Diana Ibanez Lopes
当地建筑协力：CitiCrafts建筑作坊：曾成德

在澳底大地上，这让人期待的新式住宅拥有各式各样不同属性的空间单元，并由一层自由随意的表皮所包覆，塑造出任何可能的组合形式。随着住户的需求和场地条件，空间单元可以被重新“洗牌”（shuffled）或“摇晃”（shaken），使其在任何场域中皆能达到最理想的组合模式。

也因为单元与单元之间的区隔，让此如同村落般的空间环境生气蓬勃了起来，不但赋予了每个空间单元不同的个性，并同时保有一个强大的整体；而这些隐晦空间所透露出的惊奇与惊艳，营造出极为丰富的空间表情，让人流连忘返。

另外，借重组客厅周围的空间单元营造出一种强大的集体姿态，而这些重组行为，也为巨大的观景窗保留了能够欣赏美丽景致的空间。不同的景色随着不同的场地条件被创造了出来，也因此，我们可以俯视山谷，能够与山峦对望，更能与森林对话。正如同每一个人都能指出的，身处在这澳底美丽大自然里的重要性。借此，也让人们能够更加了解且去发展，使澳底成为台湾的重要景点。

因此，它们，以艺术品般的“家族”姿态，坐落在这澳底的斜坡之上。

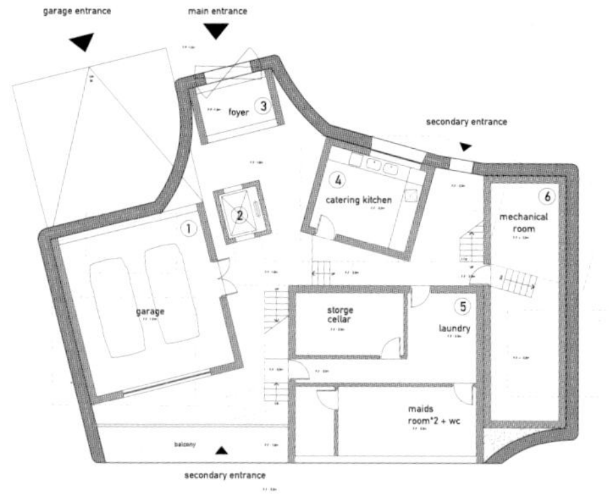

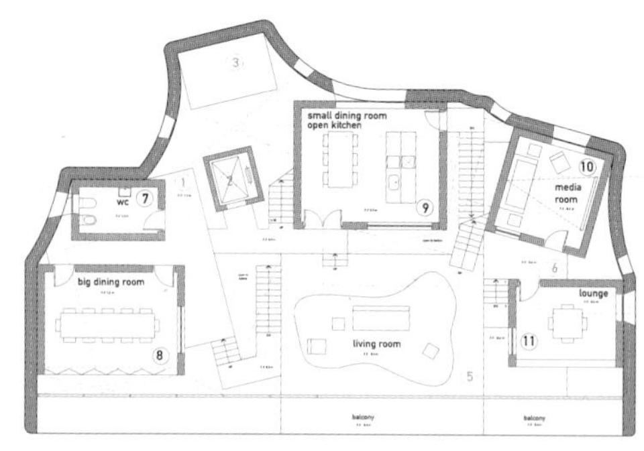

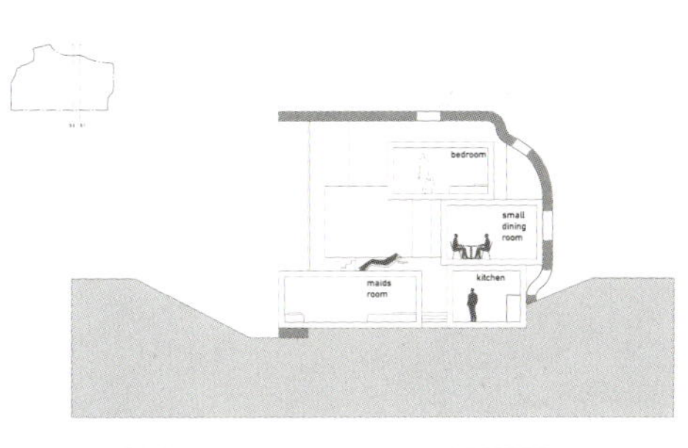

SECTION 2

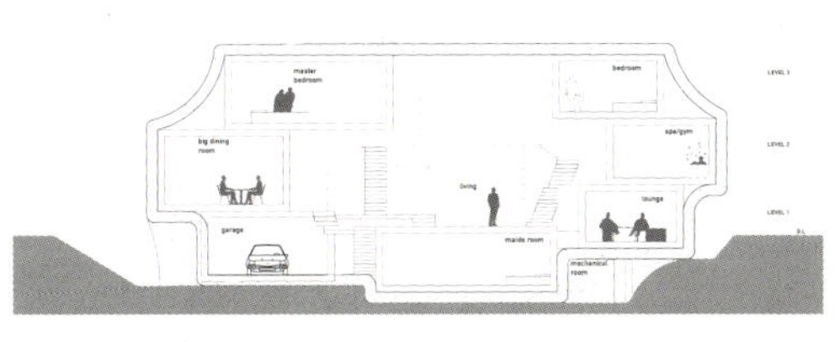

ELEVATION PROGRAM

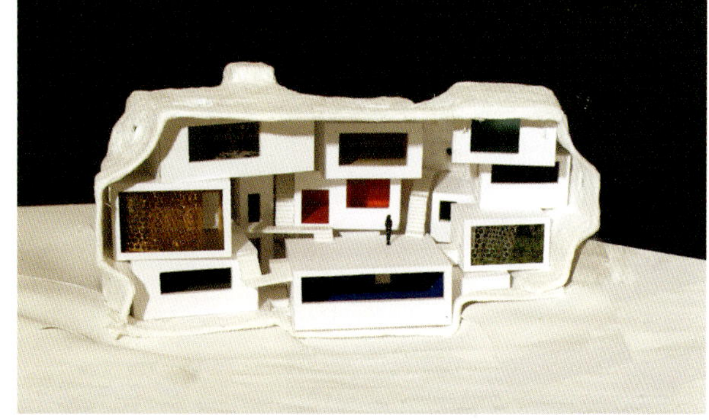

台中古根海姆美术馆
Guggenheim Taichung （台中 2003-）

Zaha Hadid

位置：台中
建筑设计：Zaha Hadid, Patrik Schumacher
计划建筑师：Dillon Lin
设计团队：Jens Borstelmann, Thomas Vietzke, Yosuke Hayano
工作团队：Adriano De Gioannis, Selim Mimita, Juan-Ignacio Aranguren, Simon Kim, Ken Bostock, Elena Perez, Ergian Alberg, Rocio Paz, Markus Planteu
结构工程师：Adams-Kara-Taylor: Hanif Kara, Andrew Murray, Sebastian Khourain, Reuben Brambleby, Stefano Strazzullo
维修顾问：IDOM, Bilbao
成本顾问：IDOM UK, IDOM Bilbao
模型摄影：David Grandorge

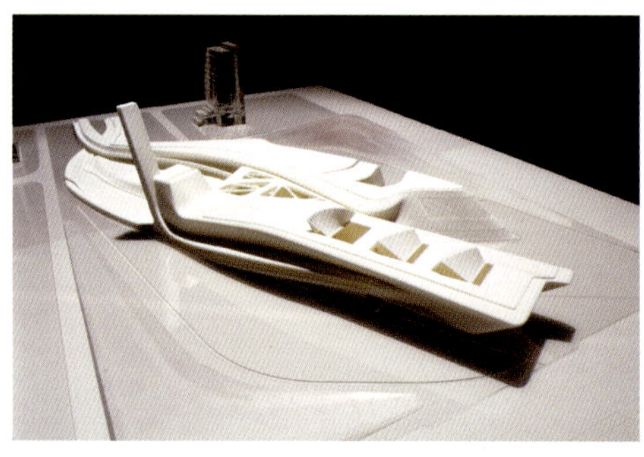

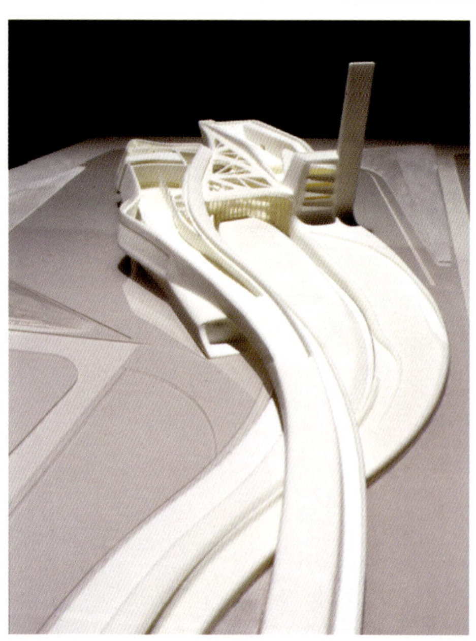

概念

设计提案是基于把美术馆当成持续改变活动空间的概念。为了强调空间可变性的层面，我们想要探索是否有可能运用类似“制造舞台效果的装置”来装设这座新美术馆。我们设计一系列大型的动力组件，能提供彻底改变画廊空间配置的选择。我们还想让空间本身如此戏剧性的转变成为一种甚至在建筑的外面都能看到的壮观场面。因此展示空间的内部重新配置便可以在都市的景观当中创造出一种公共开放的感觉。

都市的背景环境

这个位于中港路上的开阔地点被结合到两个交叉轴线的整体规划当中，带给由古根海姆美术馆、新市政厅、市议会和国家歌剧院这四座新地标建筑所组成的整体一个井然有序的结构。这样的配置意味着美术馆将由一边的中港路和另一边的两个轴线交叉点这两个主边来进出。这种双重定向产生了一个可以从相对两边进出这个大型大厅空间的概念，因而切出了一条穿越美术馆的公共道路。大部分美术馆的内部架构都是来自于这个受到都市结构配置所引发的最开始的动作。

我们决定弯曲整个计划的轴线，以便让建筑可以斜着穿过这个地点朝向中港路和惠中路的角落伸展。因此，我们就可以远离这个地点东边相邻的建筑。我们提议在这里开一条新的道路，来清楚分隔并且确定我们这个地点。

建筑的形式

建筑物缓缓地从温和的地表景观形态当中浮现出来。形式语言和建筑表现的前提概念是，要让建筑渗入城市轴线的开放式公共空间当中。瘦长外形的整体力学和流动性所强调的是穿越和围绕着这座建筑的运动。穿越建筑的公共动线和穿梭在展览空间之间的内部动线则是用突然下降的斜坡道来加以表现。虽然建筑可以由两边来进出，但是这两边的表现手法却相当不同。建筑物在中港路这一边所呈现的是都市风貌，有着朴素的悬臂梁所构成的体积，向中港路方向突出，有如巨大的罩篷（canopy）一般。50米悬垂突出的部分紧靠中港路，并将为由此进入的参观者提供一次空前的空间体验。另一边的入口则是面对着未来新都市整体规划的公园景观，最大的特色是融入建筑物的弯曲坡道。

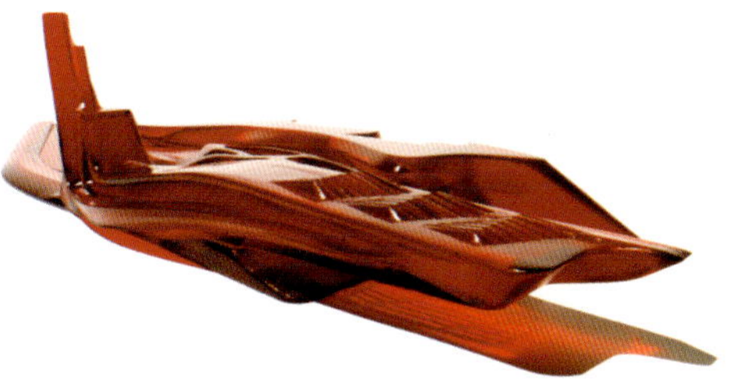

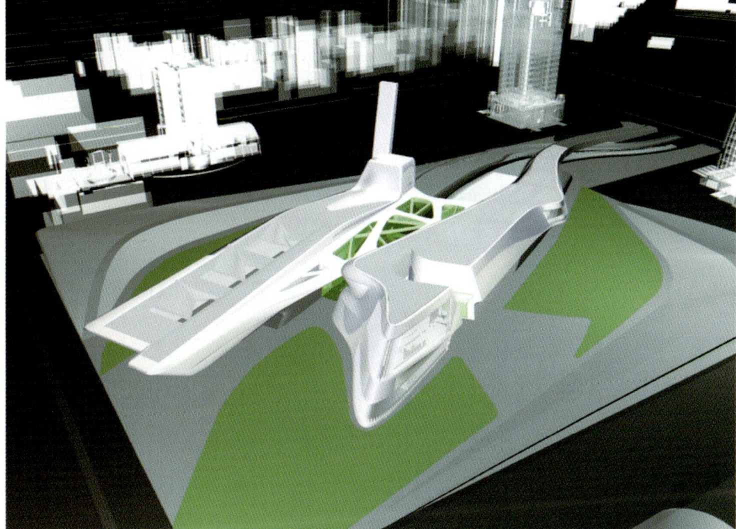

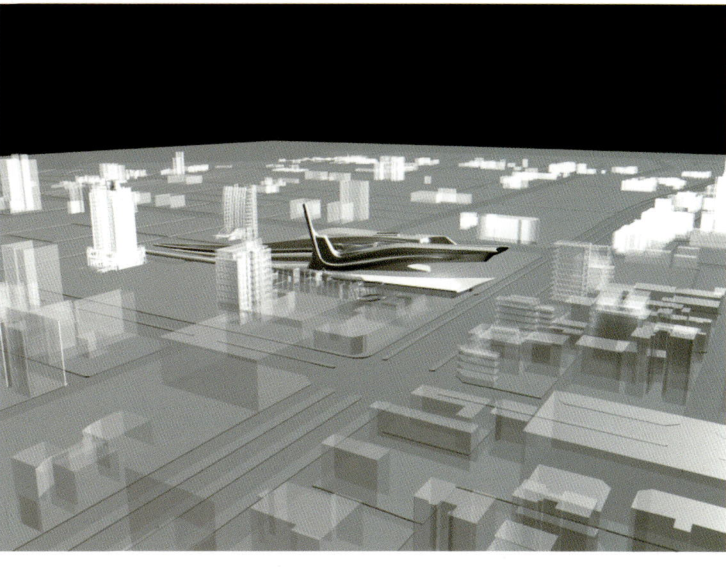

下代基因建筑艺术馆
Next-Gene Architecture Museum （台北 2007–）

Zaha Hadid

业主：德年国际开发股份有限公司
属性：艺术馆
建筑设计：Zaha Hadid, Patrik Schumacher
计划建筑师：彭文苑
计划团队：Amenah Benjasem, Rafael Portillo, Shao-wei Huang, Seda Zirek
当地建筑协力：Ricky Liu & Associates，台北
结构技师：ARUP，英国伦敦
结构技师：杰联国际工程顾问有限公司，台北
M&E工程：ARUP，英国伦敦
灯光设计：大公照明设计顾问有限公司，台北

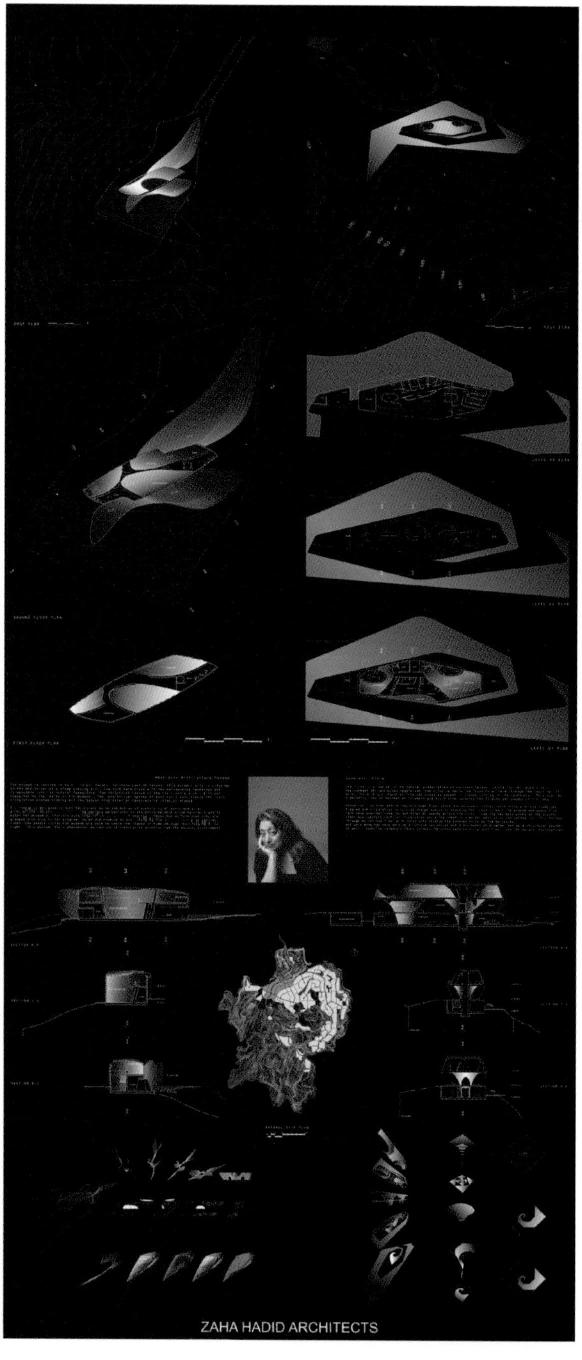

下代基因建筑艺术馆位于台北县澳底村一块生气蓬勃的场地上，刚好坐落在一个陡峭的斜坡之尾端，其外形与周围的景观和当地的自然地形融为一体，而美术馆内部的结构系统，以圆锥状的墙面赋予独树一帜之特色，利用锥状墙上的间隙空间，创造出流畅的动线系统，连接了室外景观至艺术馆内部的所有空间。

此艺术馆的设计不但可展示建筑作品，且本身也是展品之一。在建筑表面上的孔洞设计，可让光线随着太阳的移动，照射至艺术馆内部，而将这些不规则的孔洞整合至内部的设计，可以产生出光影变化的动态效果，因此，人们在艺术馆内部可依据这些光影的变化，感受到时间的推移，并将我们的感知，从室内扩增至户外的自然环境中。

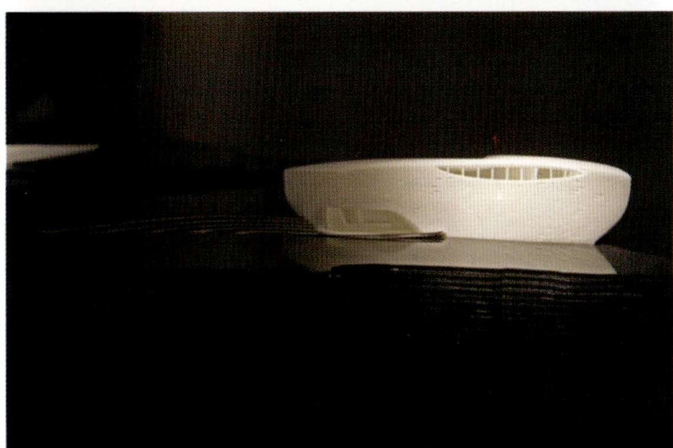

台中大都会歌剧院
Taichung Metropolitan Opera House（台中 2005-）

伊东丰雄

属性：歌剧院、商业、公园
设计建筑师：日本伊东丰雄建筑事务所（Toyo Ito Associates Architects）
当地建筑协力：大矩建筑师事务所
结构/楼层：钢结构、钢筋混凝土构造/地上6层、地下2层
场地面积：57685.78平方米
建筑面积：8052平方米
楼底板面积：34067平方米
设计时期：2005年9月

台中大都会歌剧院是在2005年的国际竞图中获得首奖的设计案，目前正朝向要实现的目标进行设计中。场地位于台中市中心的再开发地区，未来将成为国际性表演艺术的据点，建筑内容包含“大剧场”（Grand Theater）（2009个观众席）、“中剧场 ”（Playhouse）（800个观众席）、“实验剧场”（Black Box）（200个观众席）等三座剧场空间，以及“艺术广场”（Art Plaza）（购物中心、餐厅、咖啡馆）、户外景观等所构成的复合设施。

既满足这众多的机能，同时作为构成建筑整体的架构，我们提出了称为“衍生中的网格”（Emerging Grid）的空间构成体系，这是一种拓扑学的（Topological）网格体系，它将对应各机能、建筑计划（Program）而作为划分的平面间隔，借三维空间的曲面使其连续不断。由于这个体系的开展，使包含三个表演厅在内的内部空间，呈现出连续性的、洞窟般的空间感，成为促进参观者和艺术家之间互动关系的催化剂；另一方面，借将建筑内部的平面形态扩张延伸到户外景观，水景和绿地的交错网络跟建筑物相互融合，使室内外空间的关系成为一体。现在，这个设计案正朝向要实现的目标进行建筑的实施设计，目前的阶段是，制作了大、中、小剧场的研究模型，以及原尺寸结构模型、音响模型等，利用这些模型一边进行仿真，一边专注朝实现方向的细小事项加以检讨修正。

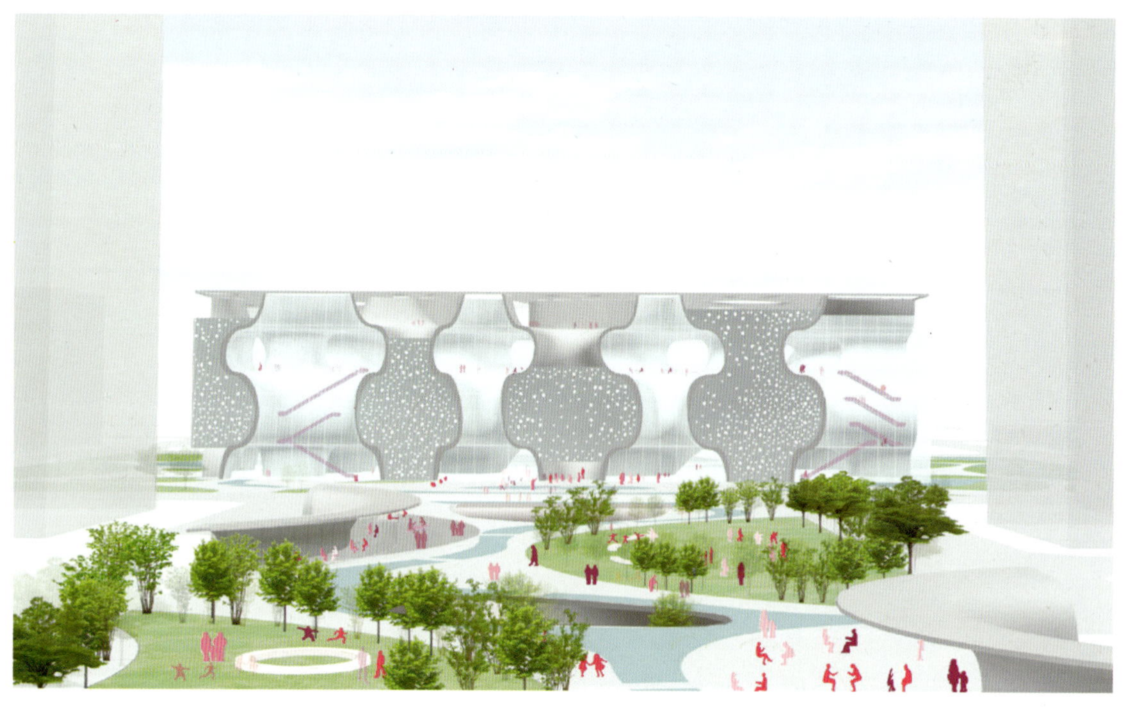

台湾大学社科院新馆

New College of Social Sciences, National Taiwan University（台北 2006—2013）

伊东丰雄

属性：大学设施
设计建筑师：日本伊东丰雄建筑事务所（Toyo Ito Associates Architects）
当地建筑协力：大涵学乙设计工程
结构／楼层：钢结构、钢筋混凝土构造／地上8层、地下2层
场地面积：16228平方米
建筑面积：6491.2平方米
总楼地板面积：54018平方米
设计期间：2006年9月–2008年
施工期间：未定（预定2010年12月完工）

本案是基于台湾大学社会科学系迁回校本部而衍生的校舍新建计划。建筑计划涵盖了经济系、政治系、研究中心，以及与法学院共享的图书馆，整体统合成一个计划，并期待它未来能担负研究开发部门中心这样的功能。场地邻接校园的北门，居校园与周边市街交界的位置，因此，希望新馆的建筑也能成为今后大学的新门面。经过到目前为止所进行的三次提案发表，决定在面向校园北侧入口处配置一栋长 168 米、高 31 米的校舍建筑，以强化其门户意象。建筑量体需与前面开展的户外景观融为一体，图书馆则突出配置在面对中庭的一侧，这个建筑提案既能满足静谧的学习环境，同时也可成为新时代的象征。

因此，图书馆的结构系统和以往的网格（Grid）形成原理不同，借内在蕴含动态的螺旋状线条（Spiral Line），衍生出支柱的位置、屋顶的造型，使建筑得以和自然及周边环境融合为一体。在基本构想已大致汇整成形的现在，我们正朝向实现阶段，就设备及结构方面作更进一步的检讨。

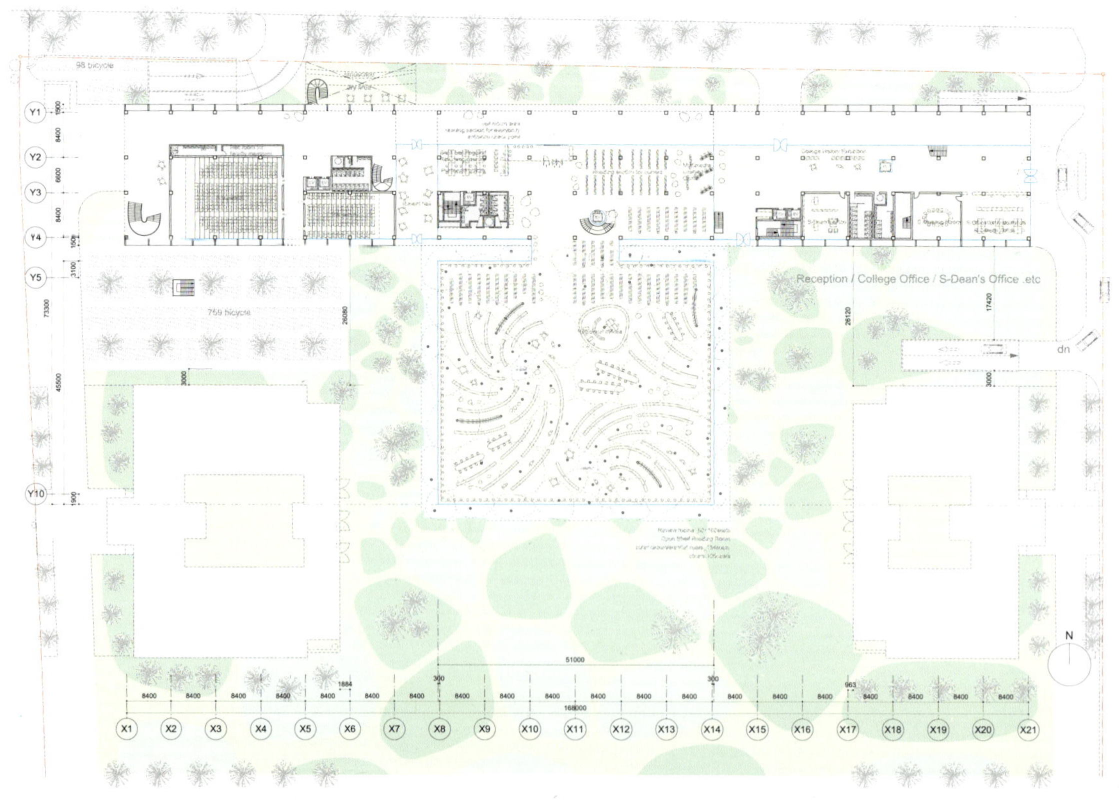

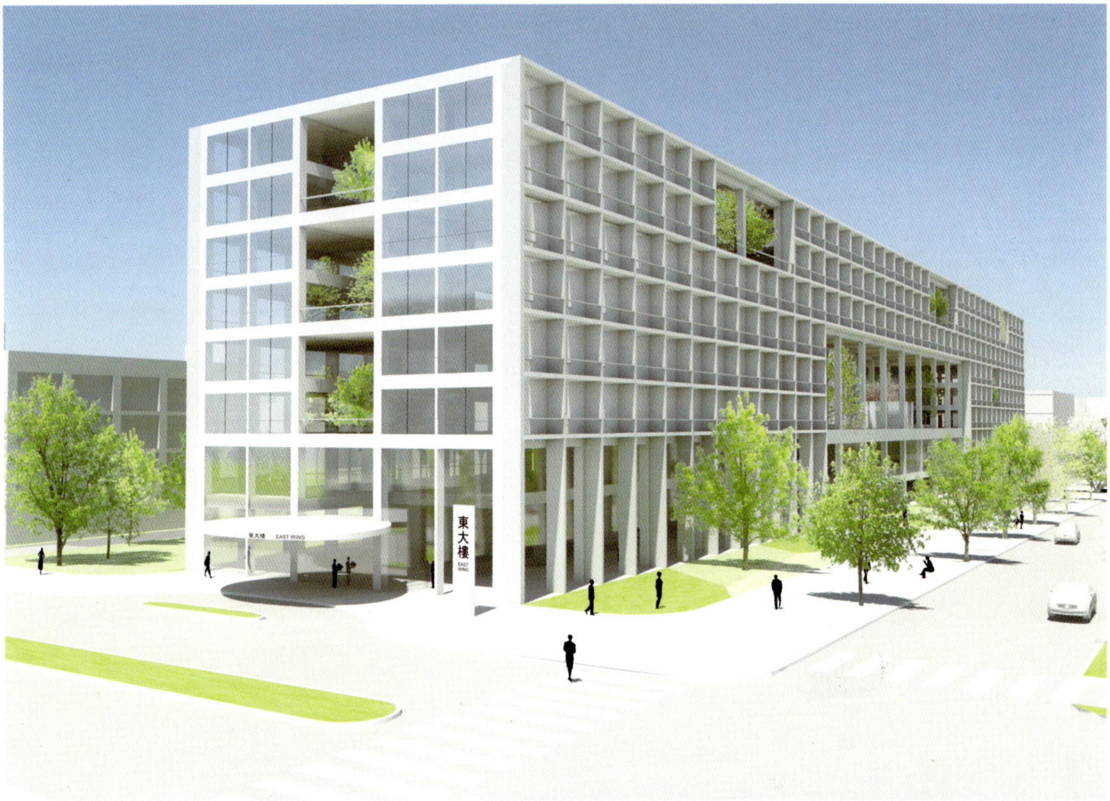
東大樓
EAST WING
東大樓
EAST WING

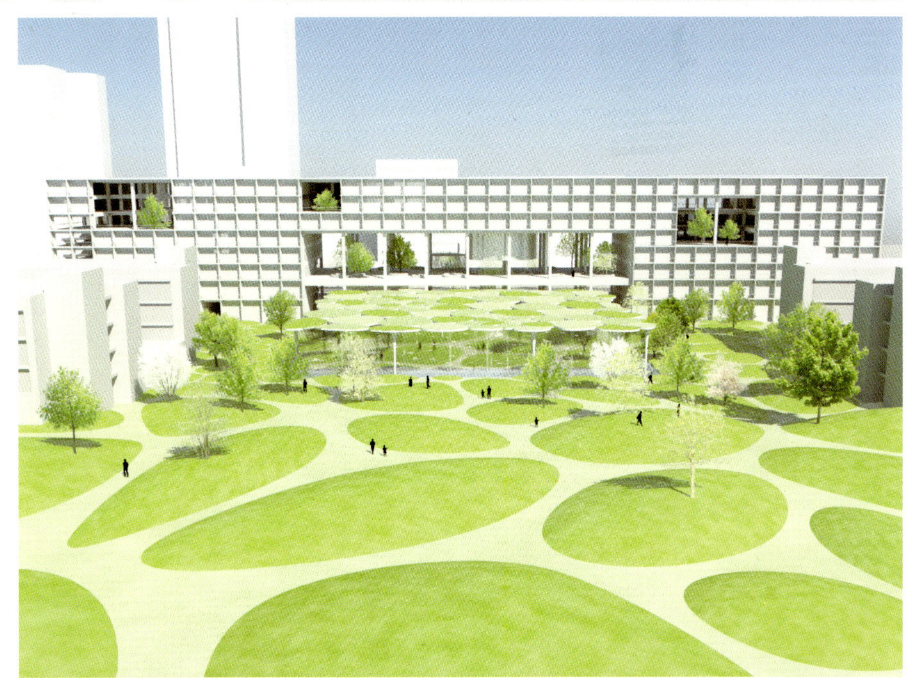

水墨狂草

Calligraphic House（台北 2007–）

交大刘育东研究室

业主：德年国际开发股份有限公司
位置：台北县澳底
设计单位：交通大学建筑研究所刘育东研究室（*Aleppo*ZONE, NCTU）
主持人：刘育东
设计团队：交大建筑研究所刘育东研究室：林楚卿（首席设计师）、赖德、郭圣荃、连家庆、林柳吟、陈姿汝、梁凯翔、程家伦
细部设计：戴育泽建筑师事务所：戴育泽（主持建筑师）、辜建彰、林胜忠、薛丞帏、邹欣伦、毛奇之
结构设计：杰联国际工程顾问有限公司：张敬礼（主持人）、陈威志、叶秀信、简仰廷
CAD/CAM赞助支援：美商宾特利系统股份有限公司台湾分公司
场地面积：2614平方米
楼地板面积：585平方米
规划时间：2007/05/26–2007/9/30
概念设计时间：2007/10/30–2008/1/18
设计发展时间：2008/1/19–2008/3/31
细部设计时间：2008/1/19–2008/4/30

人类的建筑历史，就是一个形体与空间的发展史。同时，人类的建筑历史，也可以看为一个“线条”的思想史，从直线（straight lines）、折线（folding lines）、到曲线（curving lines），三种不同的“线”，各自构成不同的“面”，再各自构成不同的“体”。由史前到数字的大历史（macrohistory）是如此，由20世纪到21世纪的小历史（micro–history）也是如此，都在经历这个“线条”的思想史。

在台北澳底，狂草的书写，起自雪山山脉的山陵线、延伸到福隆海湾的海岸线、最后挥洒在场地山峦起伏的等高线条，由土地线条汇集成建筑线条，由直线衍生折线、折线衍生曲线，最后构成“狂草住屋”。在“狂草住屋”中，建筑自己就是艺术，因为我们在大地写狂草，并运用东方滚动条与西方光影的绘画形式开窗，把邻居当做艺术收藏。同时，建筑自己也就是自然，因为数字的自由形体建筑，来自于大地、延伸出景观。在看似山水画的澳底大地中，我们画了一幅有空间、有实体的“水墨狂草”。

大连电子深圳总部
Headquarter Office of GreatLink Corporation（深圳 2002—2005）

交大刘育东研究室

业主：台湾大连电子工业股份有限公司
位置：中国深圳市龙岗区坪山镇大工业区金牛西路1号兆曜科技园
设计单位：交通大学建筑研究所刘育东研究室（*Aleppo*ZONE, NCTU）
主持人：刘育东、李元荣
数字营建：王昭仁
展览设计：林楚卿
设计团队：林楚卿、石千泓、许伟杨、吕世民、郭志强、梁雅莲、王宣化
摄影者：Daniel Wong（香港）
结构顾问：袁其文技师
工程公司：华盛装饰材料有限公司（华南厂）
主要建材：激光切割金属骨架、金属钢板、木作、薄膜、圆管、压克力（丙烯酸）、玻璃
总楼地板面积：2300平方米
总经费：7500000人民币
设计时间：2002年3月-2003年1月
施工时间：2003年1月-2005年7月

不论精确或模糊，门还是由墙与地板所界定的门吗？墙还是由地板与顶棚所界定的墙吗？地板还是由门与墙所界定的地板吗？当数字科技完全融入设计过程的每一阶段之后，定义精确与定义模糊的建筑元素有何差别？我们该如何看待我们早已在视觉、空间、心理、社会、文化上都熟悉的经验？科技与艺术有何差别？科技是一件艺术品吗？或者艺术是一套科技的系统？我们能否使一座高科技工厂看起来就像一间美术馆？此外，自然环境与人造的环境差别在哪里？是自然环境应该去符合人造环境，还是人造的环境要顺应自然？秉持对科技、艺术、自然与人造的尊重，本设计案深刻地探索上述思考问题。我们主张科技即艺术，艺术即科技，而自然与人造环境是相互共生的。

大连电子工业股份有限公司是一家生产计算机电缆的 OEM 公司，除了原先已在美国、英国、德国和马来西亚等地建造的厂房外，他们即将在中国深圳建造一座新的工厂与办公总部。深圳是中国自 1985 后第一个对外开放的城市，场地即位于深圳郊区新成立的大科学工业区主要入口处。这块背对着青山，拥有宽广天际视野的美丽场地，是大连电子董事长黄明郎先生亲自挑选。为了创新电缆公司的形象并且追求数字观念，我们将两栋主要的建筑和餐厅设计成一连续的曲线，以激光切割的钢架构和表皮、薄膜、纤维光束以及混凝土结构等打造。为了进一步反映数字和媒体时代的发展，在两栋主要建筑物的正立面还运用了多媒体和虚拟科技的影像。整体的设计概念是为了要捕捉所谓的电子链接（人造建筑物的电子链接），使其符合自然的连接（后面山脉棱线的自然连接）。

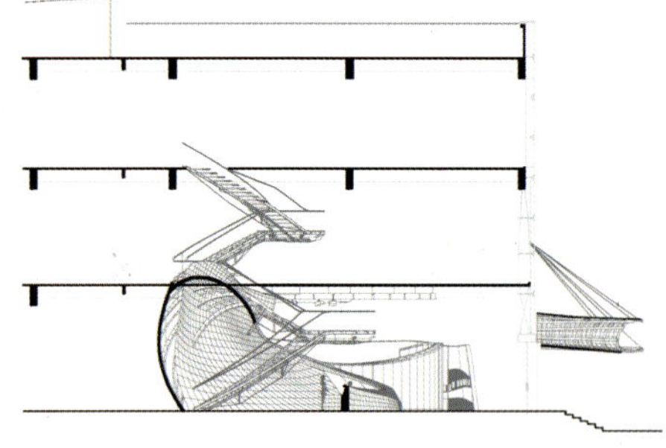

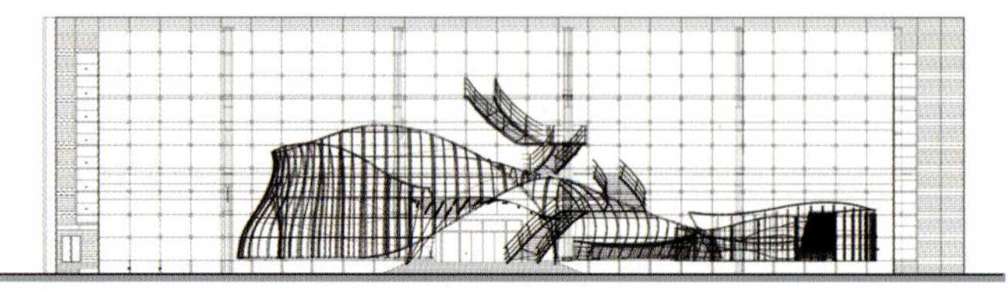

建筑农场
Architecture Farm （台北 2007-）

平田晃久

业主：德年国际开发股份有限公司
位置：台北县澳底
属性：私人住宅（四房）
建筑设计：平田晃久建筑设计事务所（Akihisa Hirata architecture office）；平田晃久（Akihisa Hirata）
设计师：Keika Sato
当地建筑协力：黄宏辉建筑师事务所：黄宏辉
结构设计：杰联国际工程顾问有限公司：张敬礼
建筑面积：252.97平方米
总楼地板面积：496.21平方米
场地面积：2538平方米
建筑楼层：地上3层及地下室
建筑楼高：10.36米
设计期间：2007-2008年

我希望能够做出除了属于建筑世界之外，也同时属于大自然与有机世界的作品；例如像一棵树般的建筑物。在树荫下休息的人，虽然可以感受到环境所带来的舒适感，但树木并非为了人类才长成那样的形态，而是为了确保在进行光合作用时，能够有最大的受光面而演化出来的结果。这个道理非常明确，树木的生成原理和人类的活动可说是完全无关。建筑本身同样也拥有某种生成原理，但一旦加入了人类活动，就必须成为创造舒适感的来源。

在这次的计划中，我们使用了可以姑且称之为“皱褶”的原理，尝试用培育植物的方式来创造建筑物。就像是袅绕的烟或海中生物一样，它们在有限的空间里增加其表面积，好隐身在其中；这样的生成原理，应该也适用于在有限的空间里，打造出人的“安居堡垒”吧。不用按照一定的尺寸标准就能盖出好几层楼的皱褶建筑，除了建筑本身，也打造出和身体、建筑、周边环境的全新关系。

看似复杂的格局规划，其实可以简略地分为公共与私人两种空间。我试着单纯地将建筑表面加以皱褶化，内藏的空间则可以分为好几个部分：室内的大厅、客厅、家庭娱乐室属于公共空间；私人空间则包括几间卧室和SPA。在我的构想中，不同的公共与私人空间应该各自独立、不直接相连，因而在建筑物的室内形成了错综复杂的连接体。也许，生活在这样的空间里，能够像置身在大自然一样的舒适、感觉到生气蓬勃吧。当地的设计，我们同样采用皱褶原理，并且以谱系演化树(enealogical tree) 的方式创造出不同住宅的形态，同时配合场地条件，添加一些可变化的元素，希望能塑造出类似建筑的农场（architecture farm）的景象。

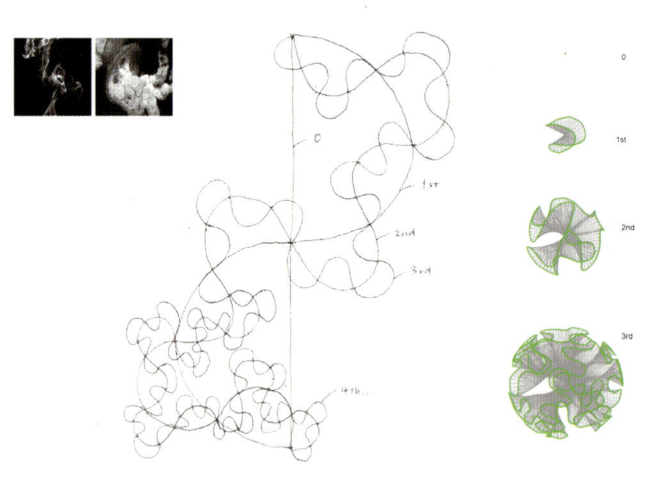

When you think about a string twining around a spherical surface, you can image the infinite pleats covering the spherical made by the string.

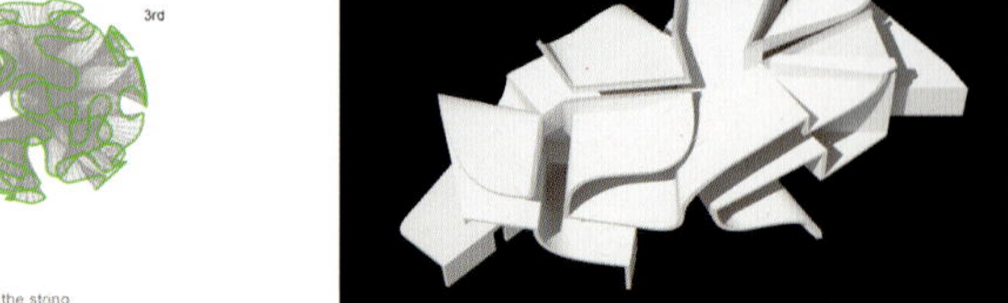

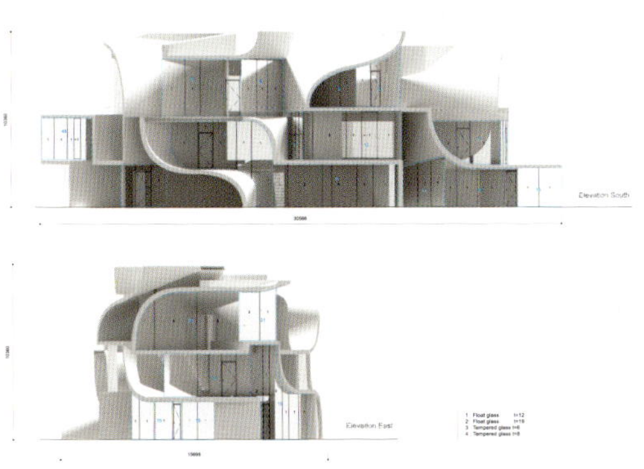
Elevation South
Elevation East

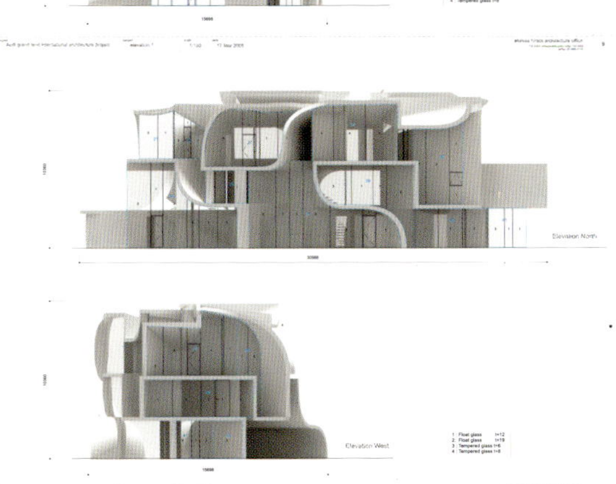
Elevation North
Elevation West

3. 从古典建构到数字浮现
From Classic Tectonics to Digital Emergence

在上一章，我们简单地以作品专集的方式介绍两组案例，并呈现了一些原始构想与设计过程，然而，古典与数字因子早已宁静地深植于设计过程、建造过程，以及最终的建筑实体中。本章将进一步以系统化而又理论化的架构，来分析第一组案例，15 件远东国际数字建筑设计奖的得奖作品。

我们本书第 1 章中，重新回顾了古典建构思考在建筑上的发展（Botticher，1852；Semper，1951；Sekler，1965；Gregotti，1983；Frascari，1983；Moneo，1988；Vallhonrat，1988；Frampton，1995），经过分析与讨论后，本章将以连接（joint）、细部（detail）、材料（material）、物件（object）、结构（structure）、构造（construction）、互动（interaction）等 7 项建构因子作为分析架构，引用在 15 件远东数字建筑奖作品上，同时作为这古典 7 因子的再次确认。每一个古典因子的定义在第 1 章已详细叙述。

除了古典建构因子之外，如果我们拉近时间来观察，近年的学者已由传统建构开始，进行对数字建构的观察与研究（Mitchell，1998；Kolarevic，2000；Kloft，2001；Ruby，2001；Liu，2001b；De Luca and Nardini，2002；Ham，2003；Cache 2002；Spuybroek 2003；Leach 2004；Gao 2004；Liu and Lim 2006）。如第 1 章所述，得益于当今数字科技的发达，建筑师与设计师愈来愈喜欢拿数字科技作为设计和建造过程的媒材。当今，虽然数字科技仍在快速发展中，而且才刚刚开始应用到建筑领域中，但是，我们仍然可以很清楚地指出 4 个数字因子：动态（motion）、信息（information）、演化（generation）、制造（fabrication）已出现在今日的新建构过程中。每个数字因子的定义也详细说明于第 1 章。

接下来我们将以 15 件远东数字建筑奖作品为案例，基于古典和数字因子进行分析讨论，而每一件作品将依照 7 个古典因子和 4 个数字因子的顺序，找出作品中与设计概念（design concept）、设计发展（design development）、设计细部（design details）、设计制造与建造（design fabrication and construction）等重要的建构议题，希望借此能勾勒出 21 世纪初期，建筑在古典与数字建构共存的关系（the coexistence of the classic and digital tectonics in the architecture）。

Case [1]
瞬间的自我

瞬间的自我（iNSTANT eGO）是由法国、黎巴嫩与韩国设计师所合作完成之作品，设计者包括 Adrien Raoul、Remi Feghali 与 Hyoungjin Cho，其为发展建筑皮层与环境和自我的互动之设计。以下分别由连接、细部、材料、物件、结构、构造、互动的建构因子分析其设计特征。

连接（Joint）

这个设计借空气的填充扩张薄膜的皮层，它能膨胀成一个个人私密空间。图 a 表示充气管径的细部与薄膜皮层间的关系，设计者尝试处理两者之间交接连接的关系。

细部（Details）

图 b 表示充气管径的细部与薄膜皮层间的关系，当空气充满遍布在表面上的管线时即可扩充成一个独立的小空间，设计者同时运用两层皮层之间的空间作为空气填充之用，尝试去思考细部的处理，而细节的考虑似乎使这个看似幻想般的设计创意,有了能完成初步原型（prototype）的可能性。

材料（Material）

采用能延展的薄膜作为主要的材料，如图 c 借计算机能仿真出薄膜材料的性质，如透明性与轻量的质感，材质的模拟帮助设计师更精准传达设计意象。

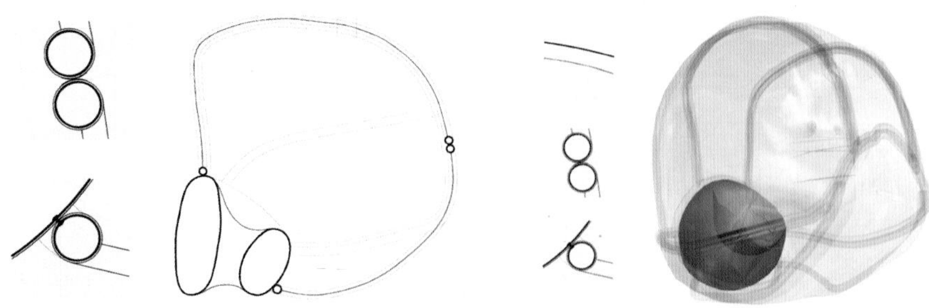

a b

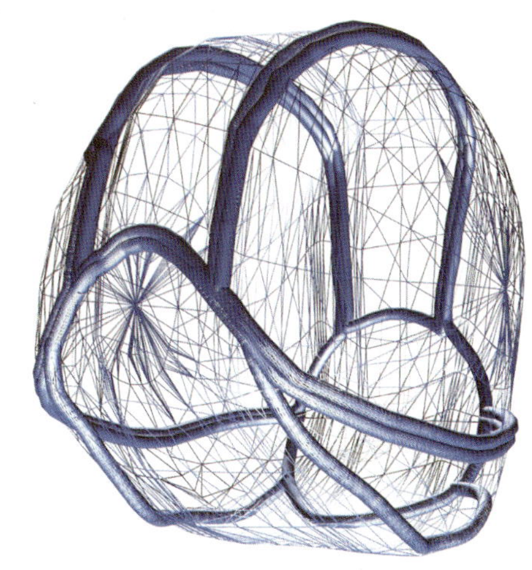

物件（Object）

传统物件的意义较不被强调，但从中仍可阅读出薄膜形体的组成，包括皮层的膜、充气管线与充气囊包，整个设计主要演化自一系列形态演变的过程，图 d 所示，描述薄膜形体展开的过程序列，设计者强调此一充气的薄膜形体，能成为人们日常生活的一部分，根据使用者的需要而调整薄膜的展开的时机，因此构件的意义在这里被放大到更高的设计层次，整个薄膜形体成为人们活动时的生活构件。

结构（Structure）

设计者尝试设想由空气填充成结构支架的可能性，图 c 为充气管路所交织起的结构网络，包括主要结构与次要结构，计算机的仿真使这样结构的概念清晰呈现，同样由图 d 表示整个结构膨胀的序列过程，一个可变动的结构成为设计的核心，传统静态且坚固的结构方式转换为机动性高、适应性强的构成组织。

构造（Construction）

如图 d，以充气的薄膜构造为设计的主题，传统建构术强调建筑物、人与环境的关系，这个设计则透过可充气膨胀或收纳单一的薄膜构造，以动态的构造方式形成一层人与环境的接口，能够转换人体与时空的关系。

互动（Interaction）

如图 e 所示，人体与环境的互动关系建立在作息与生活上，构造的形态成为人与环境互动的中介，而产生模糊却十分具机能弹性的空间关系，设计者定义这个私密的空间中的活动也是多变的，薄膜的皮层同时可成为信息传播的媒体屏幕，并改变其外表显现的状态，传统建构观点中所强调

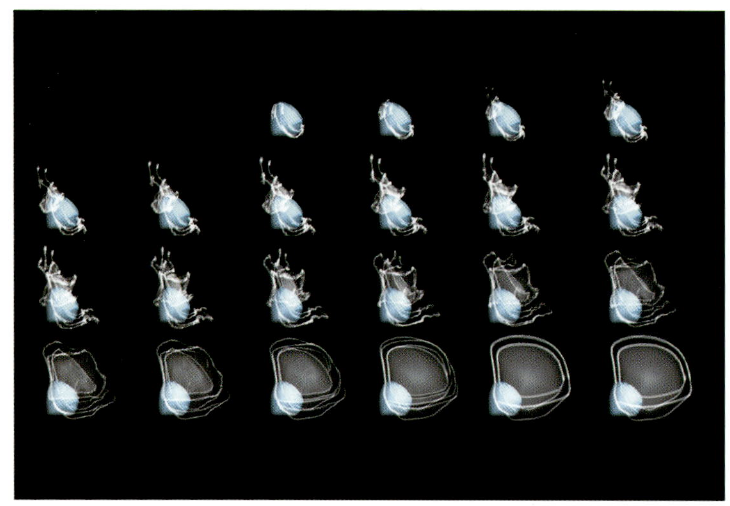

d

e

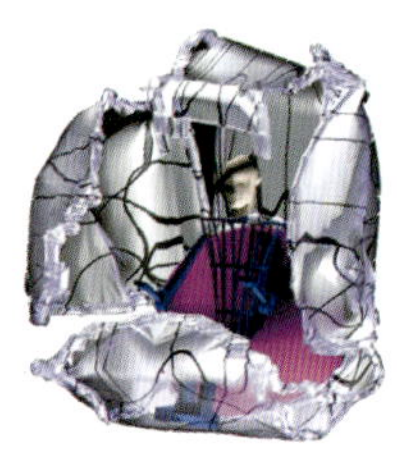

f

人与自然和环境的互动关系，在这样的思考逻辑下更进一步被实践。人不再被动接受环境中既定的空间形态，反而能根据个人所处的状态与周围的大环境有更积极的互动方式。

瞬间的自我（iNSTANT eGO）是借构造皮层与空间环境、人体之间的互动，而达成形态上变化的关系。本设计并无制造之数字建构特征，以下分别由动态、信息、演化探讨数字设计过程的建构现象。

动态（Motion）

设计概念来自于科幻小说中漫游于都市中的生化人（cyborgs）之概念，一个能连接（plug in）在人体的薄膜构造物，使人成为半机械的状态，如图 f 所示，这个装置平时可挂在身上，等待适当的时机展开。它能成为足够包裹一个人的私密空间，图 d 为一系列展开示意图，整体的操作逻辑直接建立在这个原始的概念上，进一步研究人体、构造体、环境的互动关系。

信息（Information）

能延展的薄膜表面成为一个实体的网络虚拟互动接口（physical cyber interface），因此，薄膜能扩张其材料性，成为一层媒体的表面。

演化（Generation）

根据概念发展，一系列薄膜演化的序列被发展出来，如图 g，形体变化的序列仿真一个可收缩膨胀且富弹性的遮蔽物。在本案中可观察到，当设计的概念已经确立时，透过计算机的仿真设计者直接形塑出合适的形体，由于电脑彩现能力表现的优势使设计意念能较精准地传达，例如材质状态、形式呈现等，尤其是动态的演变过程，每一个时间点上的空间变化都可被记录与研究。

g

Case [2]
宙斯之盾——超表面

宙斯之盾——超表面（AEGIS HYPO-SURFACE © patent pending）是由法国与英国建筑团队 dECOi 建筑事务所设计，这个设计是一面能根据环境动作与声音而作出反应的活动墙面装置艺术，透过复杂的电子装置运作使其表面呈现丰富的表情变化，整面墙与周围环境达成强烈的互动。以下分别由连接、细部、材料、物件、结构、构造、互动的建构因子分析其设计特征。

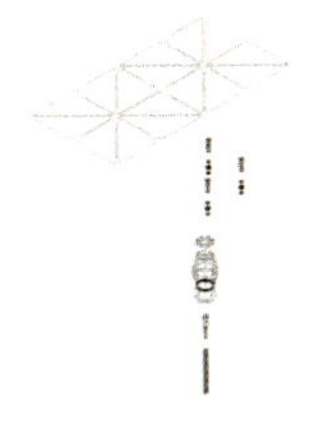

a

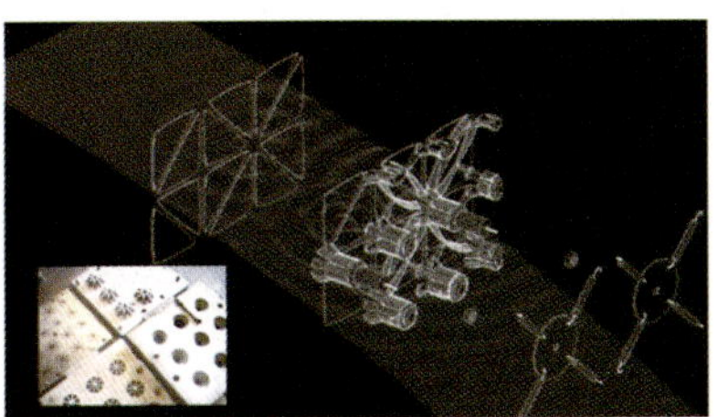

b

连接

动态墙面的基本单元为8.0米 ×8.0米模块的金属片，以三角形状相互结合，中间连接计算机控制的启动系统，让金属片可朝固定方向活动调整，如图a、图b所示。

细部

整个墙面是由排列如矩阵状的启动器所组成，每个启动器都与计算机连接能收发讯号，每一组基本装置的规模是8.0米 ×8.0米的模块所组成，其中包含了数以千计的启动器，它达成了塑造一个立体的3D屏幕般的效果，图c、图d表示启动器与连接面的细部连接构成，借计算机的控制系统启动表面的机械装置。

材料

这件作品其实是一件大型的机械装置，在背后由一强大的计算机运算系统控制，接收来自环境的声音与动作。主要的实质材料有作为表面呈现动态的金属片及一些机械装备。由于此设计案为一个视觉呈现的装置，因此不同光线的运用搭配具有反射性的金属片成为整体之材料的表现，如图f，图g。

物件

图e显示这面互动表面的基本装置单元构件，构件中的每一片金属片都连接计算机的调节装置，整个金属装置在运动时会发出震撼的声响，根据围绕它周边的讯息呈现不同的图案、颜色和动态效果。设计意象来自雅典娜女神的盾牌，强调不只这个表面的可变性，而是它依照外界的反应去决定它呈现的状态，它提供了一个全新的可能性来看待空间构件发展的可能，构件的灵敏度成为互动的整体表现性上的重点。

c

d

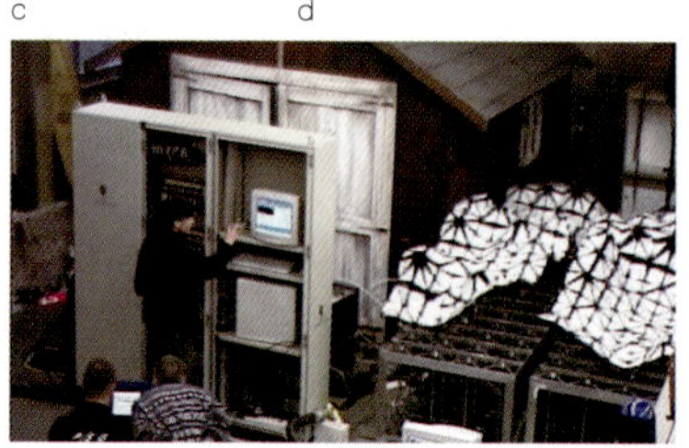
g

f

结构

在结构的概念上，整体的结构表现来自数学程序中对于形的波动形态，每一个变化的波动转换成可动的启动器结构，使形态的改变透过启动器所接收的讯息而作出反应，成为灵敏的形式体系。图 h 表示表面结构的几何运动方式与表面结构形态呈现的状态，透过讯息与形式间的互相作用，这样的结构方式反映了如何将形态直接转换为实质结构的可能性。

构造

本案以机械构造的方式呈现了一反应灵敏的数字装置，它结合了电子感应系统、计算机运算系统与程序演算机制，最后连接到实体的机械构造装置上，整个运作的架构是被系统化的，如同神经的网络一般。图 i 显示整体运作时机械装置不断接收周围环境的讯息，借计算机的控制每一个启动器控制着表面的起伏与几何状态，使冰冷的机械构造呈现另一种运动的美感。

互动

互动性在本案中是最被强调的，透过与环境的对话，这个表面的形态能自己反应和环境合适的表面状态，图 j 为墙面跟随演唱的节拍与声音动作的连续影像，墙面与表演者共同形成舞台表演的一部分，而不只是舞台的背景。建构术强调与环境共构的主张，这个设计转变印象中稳定的建筑

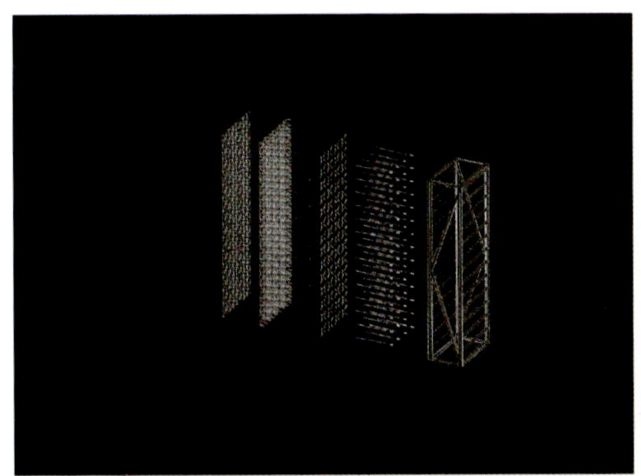

e

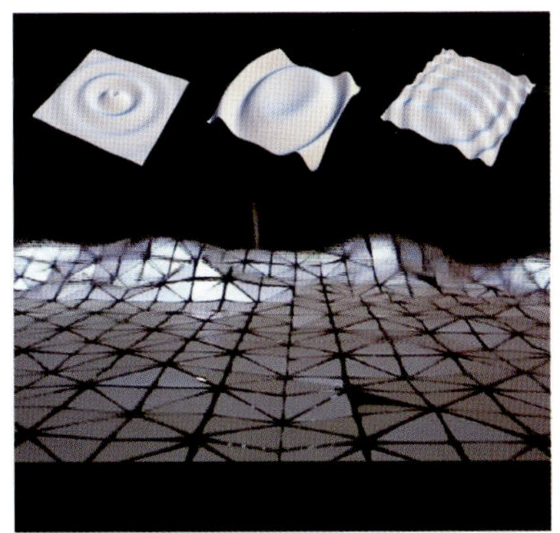

h

i

j

空间形态，与环境的强烈互动使一面墙的变化就足以经营出一个动态的空间，虽然这个装置只是构成墙面的部分，但它却预示了互动建筑的可能性。

宙斯之盾——超表面（AEGIS HYPO-SURFACE © patent pending）是一种利用计算机模拟来自声学与环境动作影响下的动态皮层装置。将环境的声音与动作转换为计算机控制时输入与输出的讯号，根据围绕它的作用力而改变表面状态的颜色、图案等，最后由实际的机械构造靠来自计算机的输出讯号仿真出数学波形的形态表现。以下分别由动态、信息、演化、制造探讨数字设计过程的建构现象。

动态

设计概念希望建构一种能与环境互动的墙面；它能使表面产生各种不同的动作，是一个可响应周围环境动作或声音的表面形态。图 j 首先在计算机中模拟出动态的表面变化层次，从数字化的数学波动图形中研究表面形态的可能变动方式，模拟一系列表面波动变化的关系。图 b 为波形变化与背后启动器操作方式概念示意图。

信息

这件作品其实是一件大型的机械装置，如图 g 所示为此系统装置的设备，背后由一强大的计算机运算系统控制，接收来自环境的声音与动作。此设计案中实质的材料质感并不被强调，而是由电子系统所构成的讯号传递所产生的信息，取代了材料的表现。这些讯号转换为控制启动器的力量，使这个装置能运作。每一组构件发出的讯号都需要经过不同系统转换，例如将电脑中的图形影像转换为数学矩阵，由数学矩阵转换为电子讯号强度，再转换成机械的回馈动作，最后使启动器的表面能辨认而作出动作。一连串的转换需要结合不同的运作模式，因此这些讯号的转换可以说表现出一种信息材料的作用。同时，整个作品几乎是架构在计算机数字控制之下，如图 l 所示，实体材料的表现性由数字控制的数字讯息所取代。

演化

运用计算机影像仿真不同时间点下的波形序列的变化，如图 m，计算机仿真这些表面形态的波动变化，而表面形态依据是来自于环境中的讯息接收，根据围绕它的这些讯息作用力而改变表面状态的颜色、图案等。计算机中这些波形的变换被转换成能被计算机控制与运算的矩阵数据，使计算机能辨认不同输入的讯息所应呈现的形态变化，如图 n，之后这些数字的数据与实体的机械构造连接，这中间需要许多不同技术层面的结合与调整，才使数字环境中的形态变化能在真实世界中实现，如图 l，最后，所呈

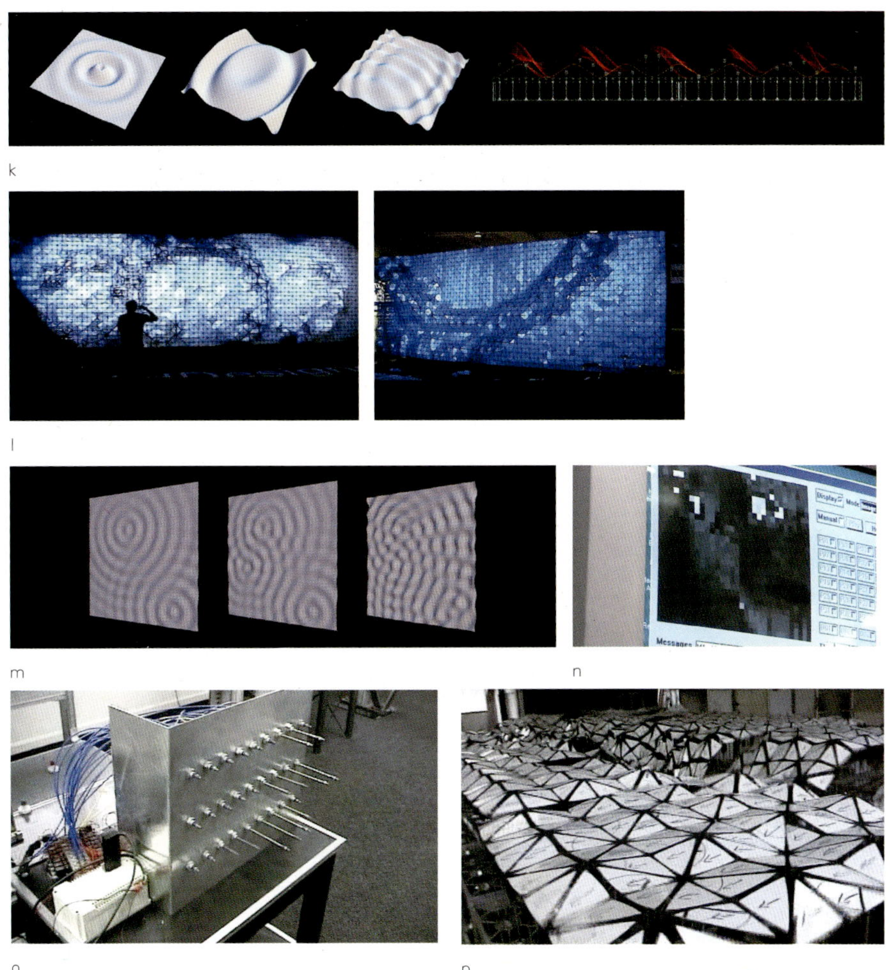
k l m n o p

现的形体变化是由外部不同信息不断输入所演化（generate）的结果。

制造

此设计案包括了 6 个由小型到大型的设计原型（prototype）。每一个构件先个别制作再组装，而且不断地在制作过程中进行测试及设计修改。从图 a、图 d、图 o、图 p 中，可清楚看到装置的设计制作流程，由最开始的小型构件，而且动态测试也不灵活，但经过设计师不断测试与组装、改进硬件构件与软件设计之后，最后终于发展至一大片墙面的大型装置，而且可以自由呈现出自然的波形变化的表面。对于此数字控制的装置，所有构件必须经过严密的组装与整合，制造过程不断地进行测试与改进。

Case [3]
动态形体——BMW法兰克福汽车展场

动态形体——BMW 法兰克福汽车展场（Dynaform：BMW Frankfurt Motorshow 2001 Pavilion）由德国建筑师 Bernhard Franken 与设计团队 ABB Architekten 共同设计完成，描述汽车行驶进入场地的动态过程，并将其转换为主要形体设计来源。本设计过程并无细部之建构现象，以下分别由连接、材料、物件、结构、构造、互动的建构因子分析其设计特征。

连接

这个设计的开始来自于对汽车行驶中动能的模拟，如图 a 所示，连续的动画显示出场地上交互作用的力场网格在汽车经过后被干扰所形塑出的形体。所有的过程是一连续的事件，建构术强调运用最小构成组件之连接，惯用由内向外叙述建筑形态的操作方式被反转。本案直接以外部形态的转录当做设计思考的来源，然而连接本质的定义在这里同时被扩大，虽不再表现构造上材料的细部特质，但此一动画影格（key-frame）的表现方式仍延续与连接所谓最小叙事单元的意义，成为描述这动态形体不可或缺的最小组件。

材料

图 b 为表面元素能量分布图，由能量的分布可看出表面构成时力量的传导与分布，信息的表达成为材料表现的一部分，实体的建筑物使用何种材料已不重要，设计者考虑更多如何将流动的表面以连续的方式包覆起来的做法，材料本身真实的性质被淡化，最后完成的作品其材料特性很难用直接观察可看出来，流动的形态将原本的材料质感转换为成更为特别的效果，即便是完工的建筑实体，材料质感仍能保持一特有虚拟质感，像是一种新的材质。

物件

图 c、图 d、图 e 显示，建筑构件的衍生来自对形体的分析，经过剖面上的切分与角度模拟，构成整体建筑体的支撑框架，所有的空间框架由一连续的横向水平结构系统联系在一起，最后完成覆盖的表面；这个一系列构件分解的过程需经过精密的计算机运算辅助，分别计算其曲度分部与力的构成，曲面形态能转换为有效的施工程序进行实际的工作，本案反映了数字设计过程中借助计算机媒材的辅助结构与物件的分析，有利于设计直接挑战更复杂的形态。

结构

如图 e，结构构成直接转换自最初的设计形态，以几何结构的数字运算得到结构支撑的框架系统，整个形态具有的偏转力量被计算到空间框架

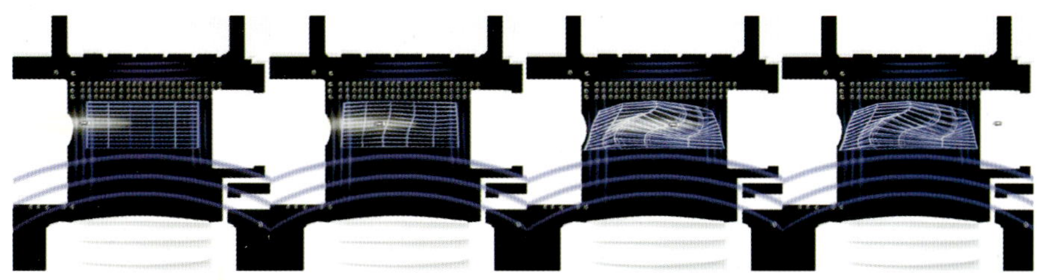

a

b

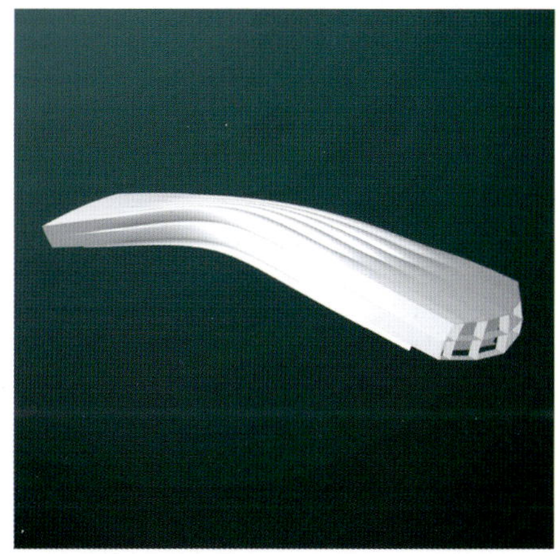

c

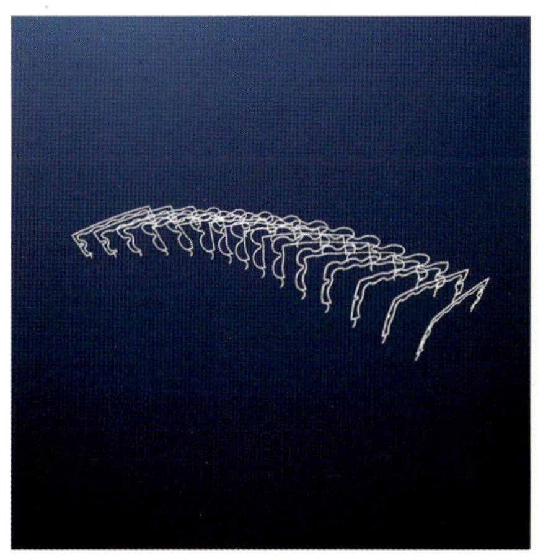

d

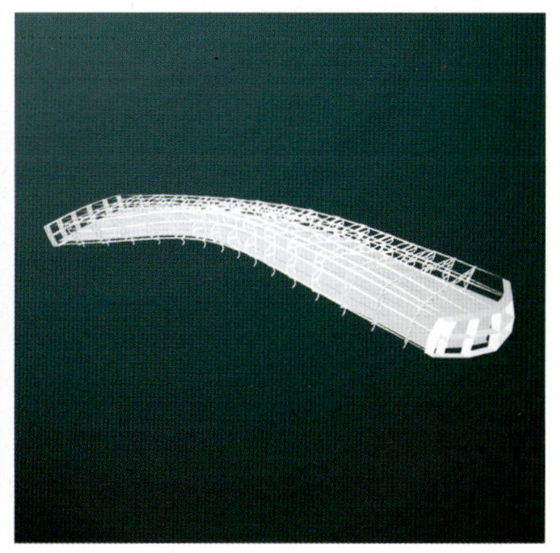

e

的承重中，如图 f 所示。整体结构除了以空间框架作为主要的承重系统外，并且以中空的管梁联系起横向侧边张力；这个设计明确表达了一个数字建构（tectonic）的过程，它能对形态作有效的控制与分析，透过程序计算，复杂形态有更多实现的潜力。

构造

在图 g 中，经过一系列的结构分析，最后以一框架系统作为整体结构的考量，但它并非一垂直水平的静定柱梁结构，整个构造更强调动态的力量。如图 h 所示，内部构造的复杂性并不影响最初整体形态的设计原型，将构架与皮层明确的分离，使整体形态趋于简洁。

互动

本案的内部机能是一汽车展场，除了以形态反应驾驶时的动感能量释放之外，内部空间更强调感官上的经验，如图 f 所示，展场设计以街道为

f

空间元素，因此动态形体将主要街道包覆起来成为一个内部空间。透过形态本身的转折，参观者行进中也能感受到空间扰动的力量，同时内部由不断延续播放的屏幕和灯光变化，营造另一种感官上的体验，这个设计也以更积极的态度去展现空间形态，使人们能体验与日常生活不同的空间。

g

h

动态形体——BMW 法兰克福汽车展场（Dynaform：BMW Frankfurt Motorshow 2001 Pavilion）以汽车驾驶进场地场域的冲力，作为设计形体的概念形态，然后再从所得到的形体转换到建筑之架构。以下分别由动态、信息、演化、制造探讨数字设计过程的建构现象。

动态

这个设计企图将汽车行进时的运动能量与场地上的力场网格（matrix）进行交互作用来取得设计形体。如图 a 所示，汽车穿越场地的能量释放被一一记录下来，这些与场地有关的场域基线，最后透过动画的模拟形塑造出一个主要的设计形体原型（prototype）。这个动态仿真的形体，设计者称它为符合多普勒效应（Doppler effect）下所产生的主要几何形体（master geometry）。

信息

建筑内部以街道为主要概念与意象的表现。形体中具有戏剧性变化的几何框架，如图 i 所示，主要以真实构造表现出虚拟空间中，因为加速度及动态张力所形塑出的特殊空间形态与力量，让参观者可以从框架空间中得到所要表现的速度讯息。概念性的把数字空间所可以呈现的速度化空间信息，作为空间呈现提供给参观者，见图 j、k。

演化

本作品以参数化的设计方法企图呈现一新的展示空间概念，主张空间的加速度、动态与张力，而有了动态形体（Dynaform)。设计概念的形体变化主要是透过计算机仿真力学变化系统来取得，透过动态仿真力学及物理变化及给予加速度的参数变化来影响既有的 tubematrix，加速度扰动了空间气流，使 tubematrix 扭曲变形，成为空间形体的基本参数。过程中运用计算机仿真所有的信息与力量，在几何框架与加速度的互动中产生形体，如图 l。

制造

延续自概念发展下初步的主要设计形体，接下来的设计操作过程皆以这个形体为依据；无论是结构分析或计算机仿真，有关设计的结构与构成方式皆转换自原始的主要形体，如图 l 所示，借计算机媒材的帮助，设计者能直接于初步的形体上进行结构仿真，包括剖面切割、框架轮廓的投影、构件分解与组合等，透过数字设计的结构实验，使最初的原型调整到更合适的形态表现并符合结构逻辑。图 m、图 n、图 o 显示，为借助 CAD/CAM 技术将建筑构件与形体从数字模型的数据输出成设计模型，探讨设计构造合理性，再实际由施工厂商制造出来，最后作为现场实际的组装。

j

k

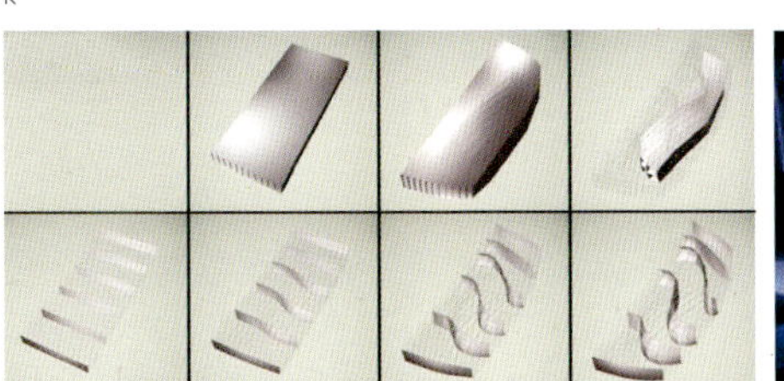

l

m

n

o

Case [4]
荷兰后农业

荷兰后农业（Postagriculture）是由英国建筑师 Achim Menges 所设计，此案具有强烈的建构术特征，主要议题是将捕捉场地上特殊的条件反映在建筑形态的空间表现上，使建筑跨越了静态的建筑“物”的局限，反而像是一具神经系统的建筑“生物”。以下分别由连接、细部、材料、物件、结构、构造、互动的建构因子分析其设计特征。

连接

整体的发展建立在能自我支撑空气表面的多气室构成原型，这个气囊形态的原型研究成为整体设计中最小的单元组件，同时每个气囊相互连接，组构成一个大型的设计构造形体，如图 a。构造的连接设计为一种可随着环境改变而作变动的活动连接，能对应场地特定的参数，并且使用它们作为构造形态生成的因子，因此当构造连接作出改变，整体形态也随状态的不同而变化。

细部

由图 b、c 所示，一系列的实体模型研究中，表示了一连串不同参数条件输入下气囊表面形态的改变，气囊单元构成与表面形态能借方位、配置的扩展、密度的参数改变等，去探讨接合处不同的强度、深度、内在的压力等细部接合的处理。

材料

如图 b、c，透过模拟气囊变化的研究中探讨薄膜材料的特性，当不同的条件状态下气囊薄膜状态的改变成为材料研究的主题，除了气囊薄膜的表面研究之外，设计的透视影像中亦表达了大量金属桁架的应用，计算机影像的处理企图使材料性的质感有一较真实的传达。图 d 列举设计者运用计算机影像表达材料与形态的整体状态，由这些图面中能清楚阅读出气囊原型与金属桁架的接合关系，同时薄膜的透明性和金属材质的反光性等材料特质也都能表现出来，材料的细部处理一一被显露在精细的计算机模型影像呈现上。

物件

每一个气囊单元成为最基本的设计原型，由图 e 可看出这个原始构件的发展源于数字和实体形体之间互相协调的发展过程，先于数字环境中仿真气囊组织时的架构，之后进行实体模型的研究，再回到数字环境中研究

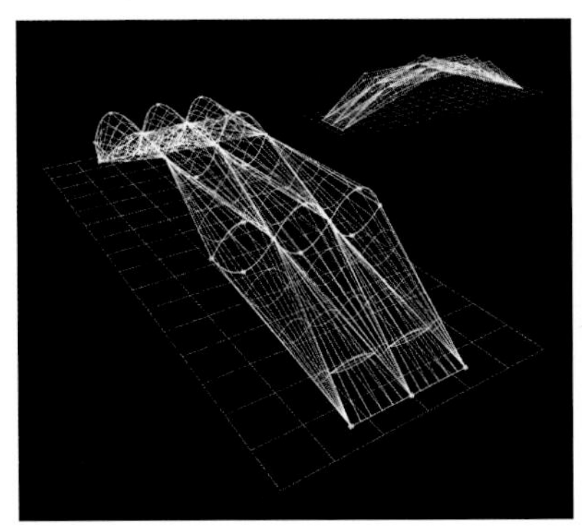
a

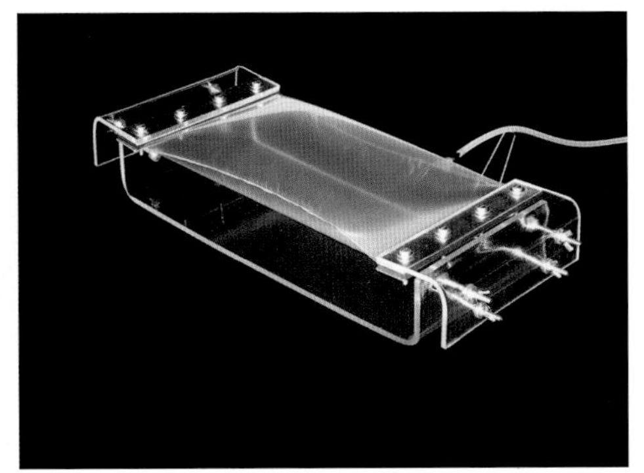
b

气囊原型大规模构成时的状态；因此气囊原形构件的发展成为整体形态构成的关键，并强调在不同层级的构件组织上它都能与周围环境互动，反应各种不同环境状态特性，而达成构件不同的表现。

结构

设计强调一深层的结构行为而演化出的一个有组织的模型，指出在特定的外在条件与内在结构系统交互影响的动态关系，如前所述是由气囊单元的研究到气囊构件的形成，最后组织成一个大跨距的结构形态。以能与场地环境条件发生的强烈关联的气囊原型发展出不同空间构件，当此一巨系统的结构产生时，多变而动态的空间计划内容也在此时确立。由图 f 和图 g 中可说明整体的结构是建立在不同层次的结构系统机能上，使在不同的环境条件下，让巨系统的结构形态产生了变化。

构造

由于概念上本案引用许多运算机制的观点，尝试达到自控的需求架构和组织，期望建筑物能够作出反应、接受计划，以空间和环境的改变容纳变动的需求，这促使整体构造的发展也建立在这样的变动逻辑之上，例如，

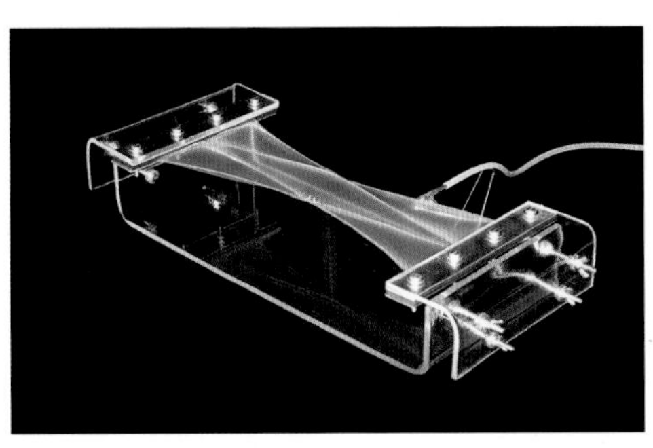

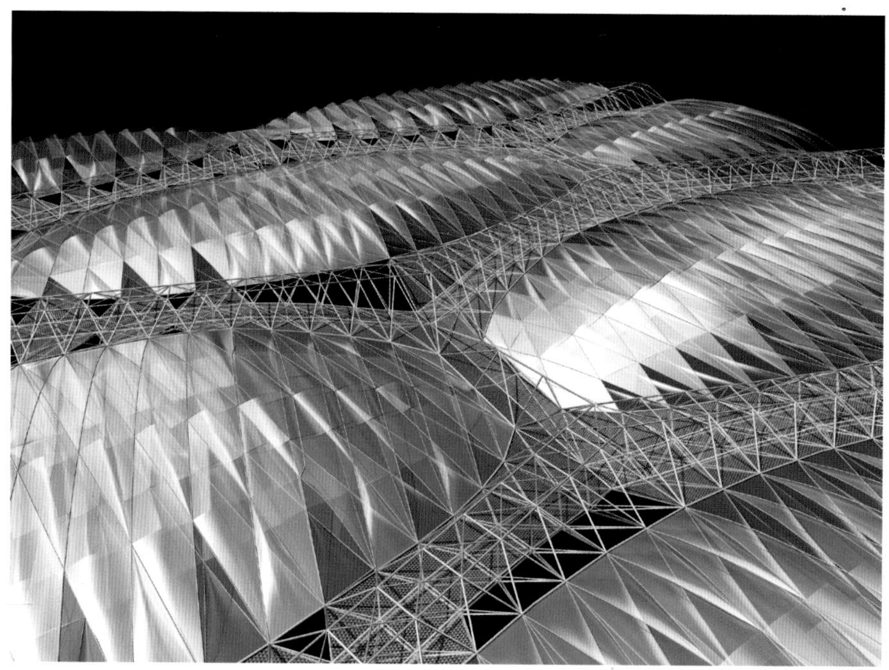

d

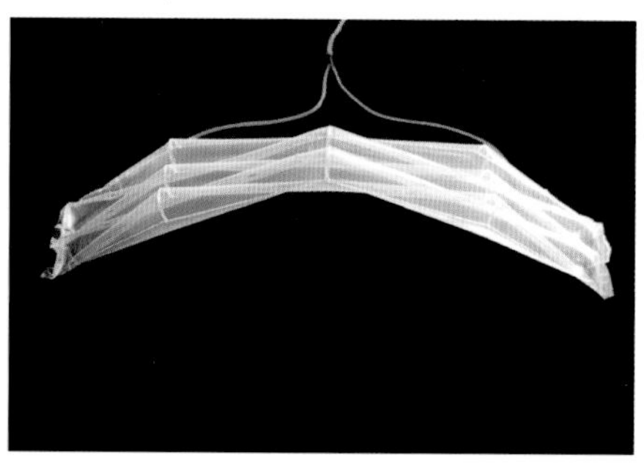

e

透过对边界与接合点的定义与安排、参数与压缩空气的气囊体积变动等，在所导出的几何的程序结果与膜的预力等操作下，去建构一多变的气囊结构空间。图 h 所示为剖面的构造分解示意图，显示了结构层次的相互关系与气囊表面的连接。

互动

如图 i 所示，最后形态的表现是一系列架构的过程和物质材料的运作，这些操作于组织的逻辑和结构系统的限制之内，为了响应概念中对环境需求变动的要求，将构造的接点设计为能对应场地特定的参数，并且使用它们作为构造形态生成的因子，因此当构造连接作出改变，整体形态也随状态的不同而变化。设计者一样借精致的计算机透视图去呈现不同环境状态的变化，透过数字媒材的帮助，一个 3D 模型便可以容易呈现出不同的设计可能性，在设计思考与呈现上都有极大的帮助。设计最后所呈现是一大跨距的空间形态，它能根据不同的空间计划而调节合适的光线和温度提供人们活动的场所。

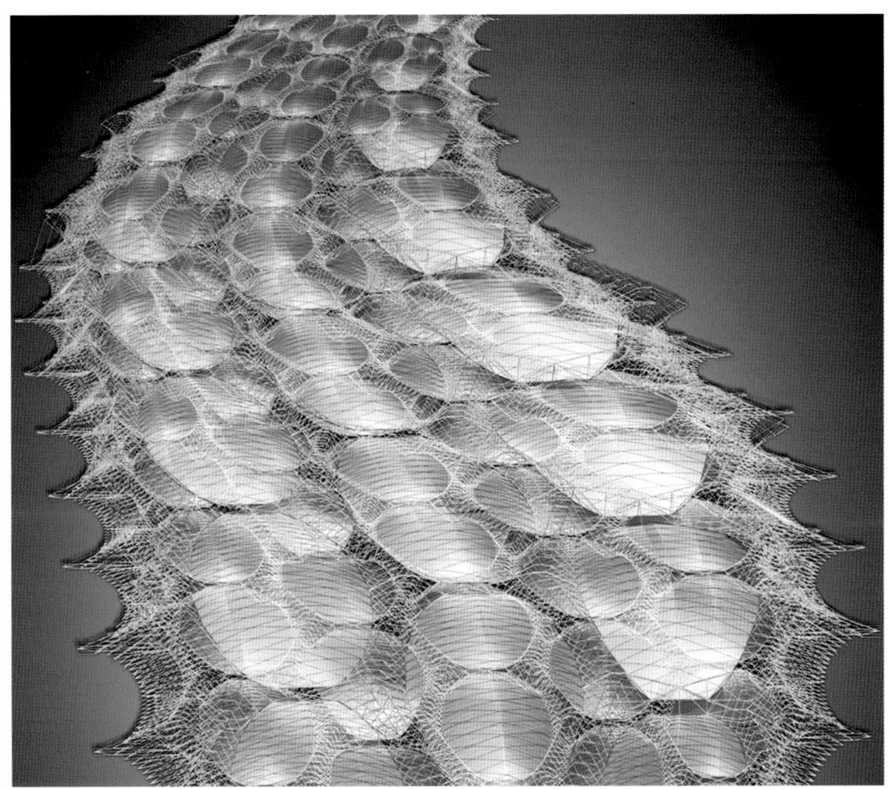

f

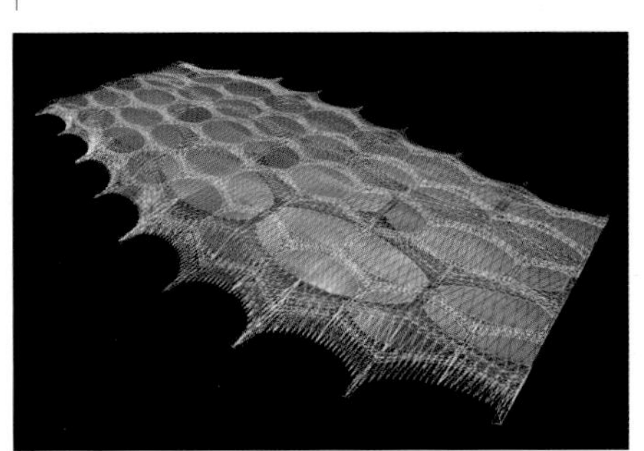

g

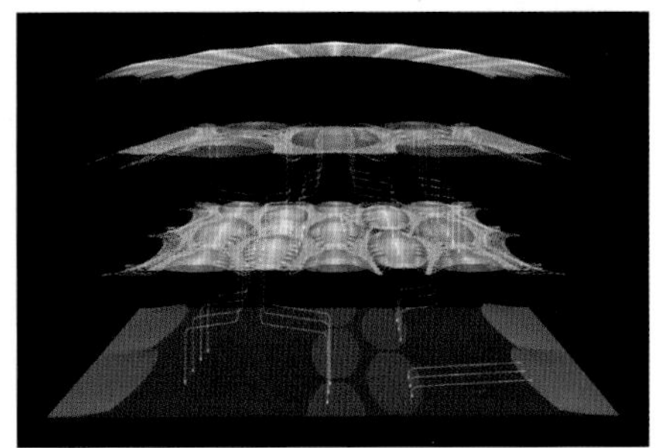

h

i

荷兰后农业（Postagriculture）的设计过程建立在清晰的构造发展上，将各种不同状态下条件的改变达成结构的表现，回馈到整体建筑的空间形态。它企图去发展一个能包含和反应的对策，而能赋予设计过程具高度结合、改变的模式和生命力计划程序。以下分别由动态、信息、演化、制造探讨数字设计过程的建构现象。

动态

图 j 为土地面积承载的密度分析图，说明环境的动态密度变化与区域分布的状态。在数字动态的影像分析呈现下，区域性与全国性的农业生产及人口稠密度调查研究可以清晰地表现出差异，使设计者想呈现的概念更显而易见，动态参数数据图表示了环境演绎出的结构，它有如一个生成和变异的状态。

信息

最后成形的大型结构，会随着场地环境的不同状态变化（如温度，湿度等因子），借计算机系统的控制而作形体上的变化，这些结构的变化可以间接或直接把环境信息提供给空间中的使用者，如图 k 所示。因此，设计的整体构造不只是由不同质感的材料所组成静态的架构而已，它也提供了另外一种新的信息材料之表现，见图 l。

演化

将原本密度分析中的平面动态图解，转换为不同条件因子影响下趋势变动的量化分析图，从图 m 中可看出不同环境因子的变化，并且引导了一个有机的影响关系模式，在分析中逐渐演化出最后的气囊形体，见图 n，o。同时，动态变化的环境因子分析也成为控制设计形体构造上的变形参数，设计形体受这些因子不断演化出不同的状态及演变，如图 k。

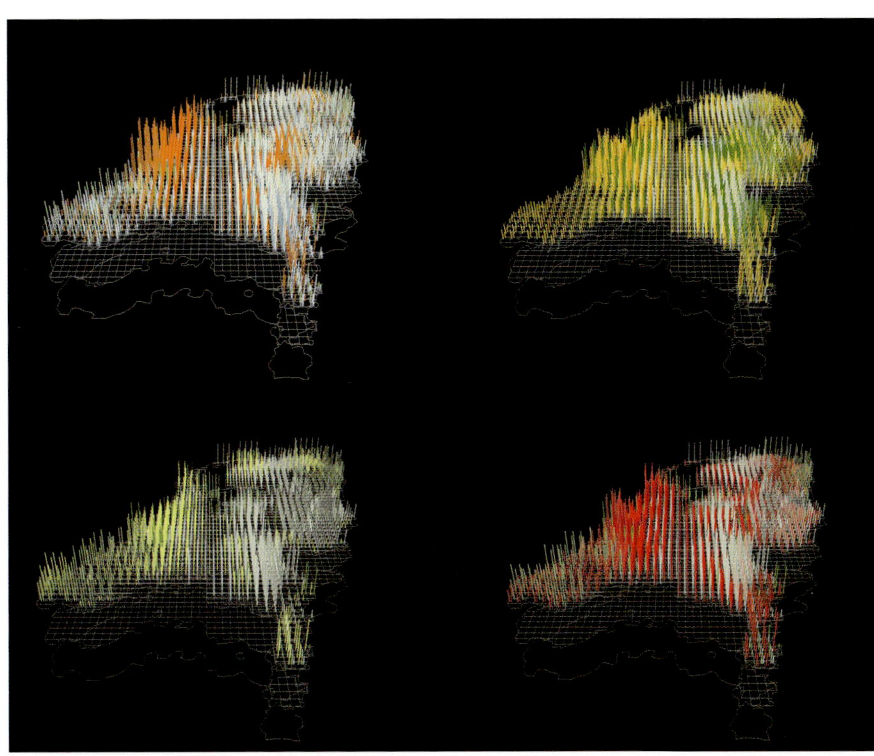

j

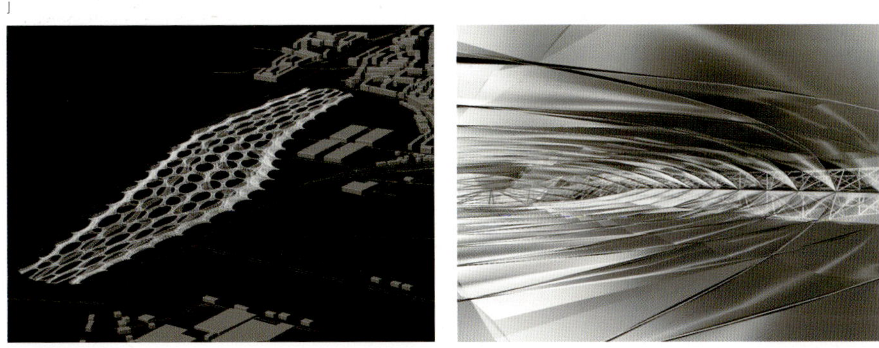

k

l

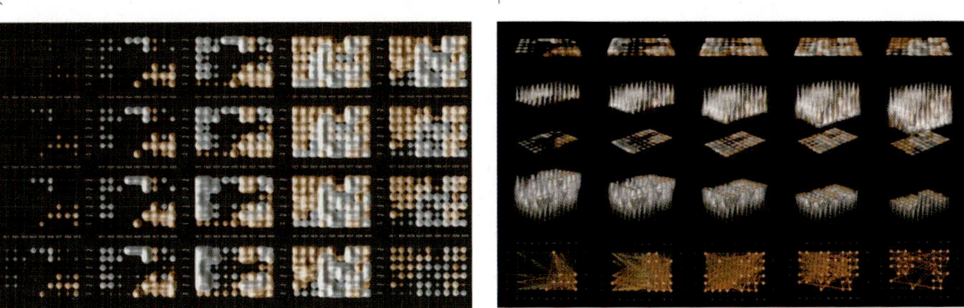

m

n

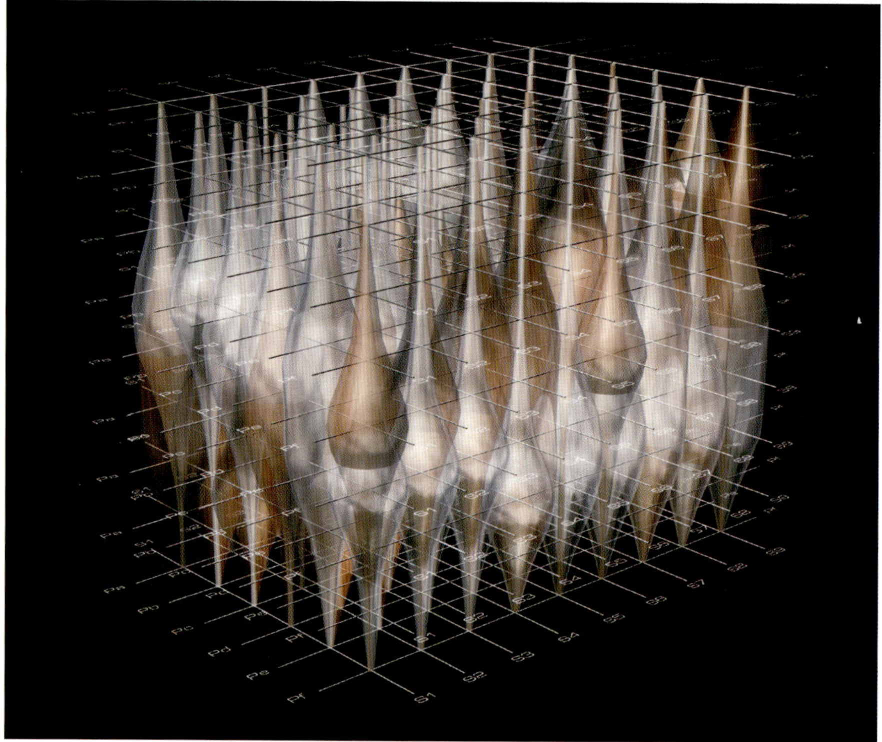

o

p

制造

如图 p 所示，设计形体之组成构件及构造形式被探讨及设计，主要作为最后可以被建构的组件。气囊形体的设计，特殊对象的测试及制造方式的设计在设计过程中扮演着重要的角色。以建构术的角度来切入，探讨建筑构造如何被完整架构起来及如何被建造，如图 q 所示。

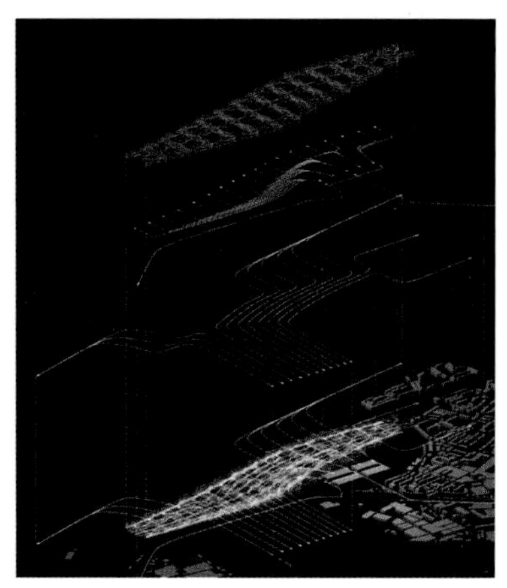

q

Case [5]
起飞——慕尼黑机场第二航站大楼空间装置

起飞——慕尼黑机场第二航站大楼空间设置（Take-Off: Spatial Installation in Terminal II at Munich Airport）是在长宽各为 200 米和 500 米的离境大厅空间中，由德国 Bernhard Franken 为 BMW 所设计的一项装置艺术，概念出自塞西尔 · 巴蒙《雅砌》中“新的架构与讯息”的一段描述（卷 139/140），希望能表达出旅行中加速度、速度和空间错置的效果。以下分别由连接、细部、材料、物件、结构、构造、互动的建构因子分析其设计特征。

连接

本案主要的组件特性其实是直接来自于数字逻辑，应该单纯只存在于形态学上，而不需考虑材料或组装，因此在设计上极力地想让连接消失，然而不可能让其完全不见，因此只能尽量“简化”来达到目的。而在航站的顶棚上，因只有几个确定的设定点去承载整个装置的负荷，不但需要对抗地心引力，且还需承受扭力和巨大的悬臂梁，所以如图 a 所示，设计一个能符合上下角度多变的连接是必需的。

细部

虽然在设计过程中并没有细部的概念，然而要达到这种“无细部”的策略，却无可避免地引发更为复杂的细部处理。而为了让设计更为简洁，则需在工程上重新设计一个组件来解决细部简化的问题。如图 b 所示，每一个接点在不同的平面上必须承受容纳高达六个不同的缆线方向且需把它们强力且平顺地连接在一起。

材料

在这个“起飞”计划当中，欲将建筑、结构和沟通，也就是媒体与讯息彼此结合成一个单一而连贯的个体，就需要设计出一系列材质一致的个别单元。本案运用不同的横向框架排列至圆柱轴管上，并且在双面都覆盖上一层 1 毫米厚的铝薄金属板，塑造出每个薄片的翅膀外形，如图 c。然而铝质金属外壳只是传统的媒材特性，薄片上另外覆上的几何图案，才是设计者真正要向观者传达的讯息。

物件

每一片长条圆弧的薄片是为一基本的设计单元物件，薄片中有一根中空横管，与之垂直的方向排放不等的水平骨架，其主要支撑每一薄片的固定形状，并在最外层以双曲面形式包覆一层铝质金属板，如图 c 所示。这些薄片单元是由数字参数所设定，因此，尽管每个薄片的长度都可以被改

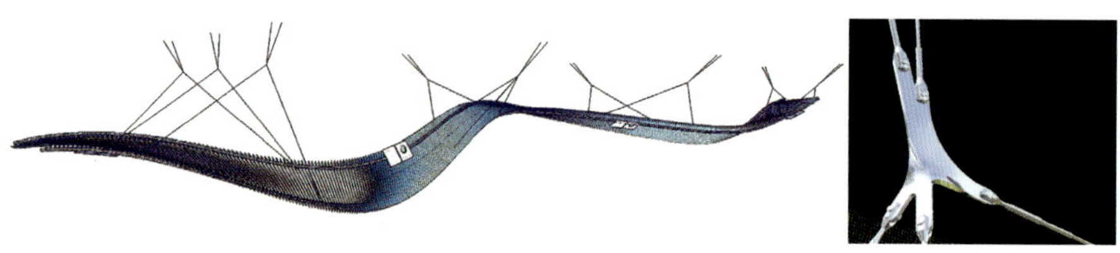

a

b

变，但是它们的宽度和扭曲程度却可以维持不变。在最后的设计呈现上，需将这些流畅的数组金属薄片，用钢索悬挂于顶棚上，以呈现出旅行轨道中，时空错置的叙事效果。

c

结构

本设计的主要结构由一排363个薄片以数组方式排列而成，加上两条承载负荷的圆管，以一前一后的方式横跨所有的薄片，如图d。而这些薄片是需要大量客制化（customization，按客户需要进行产品制造）且批次生产的，另外尚需解决数字连续性和差异性之重复的问题。这其实是为了传递一种只适用于个人本身自我相似性的二元特质，逐渐演化出在整体上显现连贯性的产物。

构造

本案如旅行轨道的薄片数组，系由数字参数为基础所控制，并在数字模型中不断微调，让圆管得到合理的承受重量和形态，而当圆管确定最后的形式后，只要将结果输入数字3D模型中，薄片的嵌板制作、切割和连接等步骤，也会随之自动更新。当数字模型完成所有构件关系的自动模拟后，进行实体的主薄片设计，主薄片是指每隔10个就有一个固定的薄片，而其他的薄片是可拆卸的，而这10片组装成一个单元模块后，如图e所示，一段一段地将之用钢索悬吊于顶棚上，并全部接合成一个完整的形体；而承受压力的负荷承载圆管和悬挂的钢索，形成整个结构的实体。

互动

如图f所示，这个位于机场大厅的装置强调的是建筑与旅客之间的关系，并以视觉运动的方式，来达到用影像说故事的叙事目的，因此借观者的移

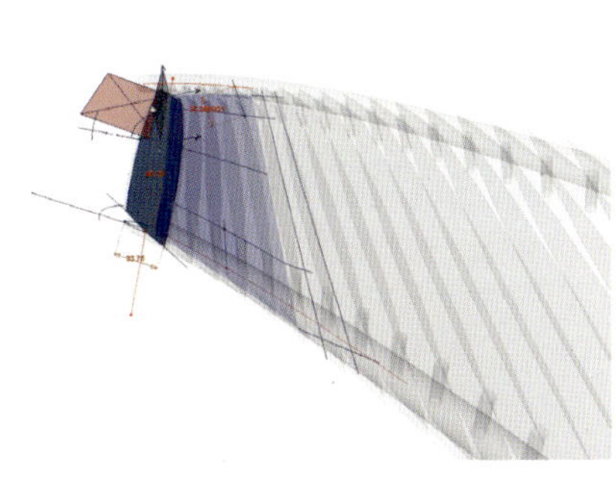

d

e

动，来和装置产生对话，并塑造出移动的空间效果，以产生视觉动力的互动性。而叙说的故事是由两种不同的影像内容来呈现，使得旅客可以在事先规划好的两个不同的角度，观察到翻动图像的丰富变化，而就像一部短片般，又或者是以互动叙事的方式，有趣地诠释了旅行过程的事件发生。

起飞——慕尼黑机场第二航站大楼空间设置（Take-Off: Spatial Installation in Terminal II at Munich Airport）是将旅客在机场中的活动轨迹，作为形体的概念基础，用一排363个双面有图案的薄板来构成快速翻转的影像，并运用参数化的过程来决定悬挂于顶棚的对象之位置、大小，甚至角度。以下分别由动态、信息、演化、制造探讨数字设计过程的建构现象。

动态

图g为参数化的数字连接模型，此是运用MAYA（一种3D动画多媒体制作软件）的包覆工具（Clothtool）所设计出来的。依据所定义的方向，设计出扭曲如橡胶般的连接，以有效地联结顶棚和悬吊对象间不同方向的扭力。而连接的设计过程是运用动态仿真的方式，来预测连接被使用后的可能扭曲程度。

信息

设计师为传达旅行所带来的速度和空间错置的意象，希冀与过路的旅客产生对话，如选择《蝙蝠侠》和《超人》的影像，彼此快速重复翻动，此易激起大人和小孩的喜爱，设计师利用这个创意和概念，企图将之转译为建筑的表现形式。因此，每一薄片虽为铝质金属板所制，但却非最终的呈现形态，设计师在其外层又应用影像贴图的方式，在两面曲面上贴上不同但连续的长条影像，如图h所示。并根据图i影像翻转的概念，让观者在两边不同的位置，会得到两种不同的视觉回馈，而随着观者的移动，切割但连续的影像也随之变化，和观者产生如同诉说故事般的互动趣味。

演化

此设计形体的产生来自于数字参数化的操作模式，而程序所输入的参数资料，是由第二航站大楼内旅客活动的动线转化而来，见图j，如此能够将这个三维空间的立体形体进行优化，让旅客能够在预先规划好的地点，察觉到图像翻动的丰富变化。

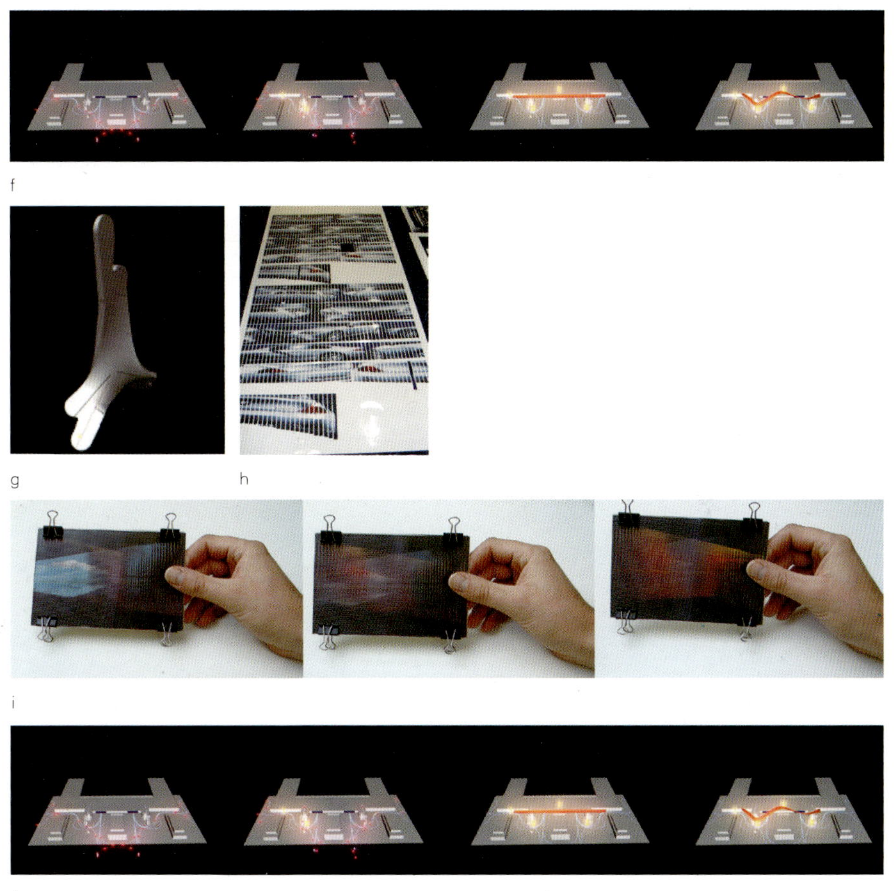

f

g h

i

j

制造

为了有效且精确地完成最后的装置，因此在建造实体之前，先运用快速成型机（Rapid Prototyping）输出实体模型，尝试组装，并测试各接点是否合理；之后在实体模型中，双面贴上连续影像，以确认影像连续翻动的效果，如图 k 所示。最后，进入真正的实体制作，利用先前测试完成的所有参数设定，输出至激光切割机，利用计算机自动化控制每条铝片的切割范围，见图 l，以确保薄片双曲面包覆的精确性，并对每一薄片进行编号，以利最后现场的组装。另外，连接部分的制作需先在 3D 软件测试且确认最后的形体后，利用 CNC 洗模方式，将计算机中的数据输出，制作模具，之后再浇铸成铝制模型，见图 m。整个制造流程，皆以 CAD/CAM 技术精准掌握，也因为如此，才能准确地建造出如此自由流线的建筑物。

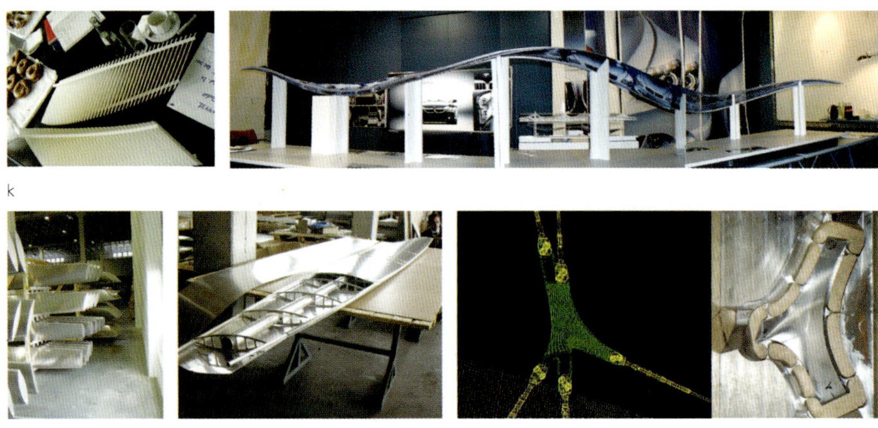
k

l

m

Case [6]
巴黎米兰艺廊

米兰艺廊（Miran Gallery）是一个媒体展示室，用来陈列一些年轻时装设计师的新作品，为 dECOi 建筑事务所 Mark Goulthorpe 所设计。其设计希望可以赋予展示室显著特质，却又能提供服装展示沉稳背景的空间。本设计过程并无细部之建构现象，以下分别由连接、材料、物件、结构、构造、互动的建构因子分析其设计特征。

连接

如图 a 所示，连接以三维空间曲面的形式，包覆在以数组方式排列的平面薄板间，而每个层叠的薄板必须要与每个密集捆扎的区段相互套叠。每一片薄板都必须以准确的钻孔来安装暗榫，因此，每个栓孔并非皆为直角钻孔，而必须根据一条三维曲线的路径来设置连接点；所有与平面薄板交叉的连接，需使用非常精确的钻孔机，来达到所需角度和深度的要求。

材料

在草图设计时间，设计师原本想象的是一个光滑的表面，材质为泥灰或玻璃纤维，并希冀寻求一种延展或变形的 3D 形态，因而原本预计用 CNC 成型机来进行加工制作；然而，若全部设计皆采用这种方式，会造成过高的成本，为了符合经济效益，设计师决定不采用开模浇铸的方式。最后，决定选用“夹板”这种材料，其可以在 2D 平面切割和 3D 打磨之间来回交替处理，由于形体弯曲的程度很大，表面必须用夹板薄片组成的木块来进行打磨；在空间主体里，弯曲度较小的地方可以从平面夹板上切出轮廓即可。也因为只选择了单一媒材，而彰显出材料的特性，在过程中得到了纯粹的“形式／材质美学”，见图 b。

物件

本案包含一个配备有悬挂式展示系统和棚架的中央展示空间，外面环绕着贮藏仓库，可存放多件衣服以供媒体拍照，设计中所呈现的棋盘式镶嵌的表面配置，不仅可以提供两种功能的空间区隔，同时也能产生视觉上的联系。主体表面被包覆到顶棚和地板之中，并延伸到开放的展示空间，表面的弯曲和折叠，可成为主体的支撑结构；在展示空间中，有一悬挂式的陈列系统，由 14 个独立的薄片所组成，提供每一个设计师悬挂的空间，薄片可以滑开来展示衣服，也可以关闭来营造出一个在主要外壳形式里，呈现曲折变化的庞大形态，如图 c。而一般传统顶棚、地板、梁、柱的概念，在这里都被模糊化了。

结构

入口被设计成稍微内弯至主空间的“屋檐”，现有的屋梁可以呈现出表面上局部的细微差异，整个结构是由地板支撑了镶嵌其间的环状骨架，骨架和骨架间以三维曲线的连接串联起来，增加强度；而悬吊于中间的“鱼”呈现出相反的发展，如同中介的空间把形态压缩到邻近平行的轨道一般，见图 d。

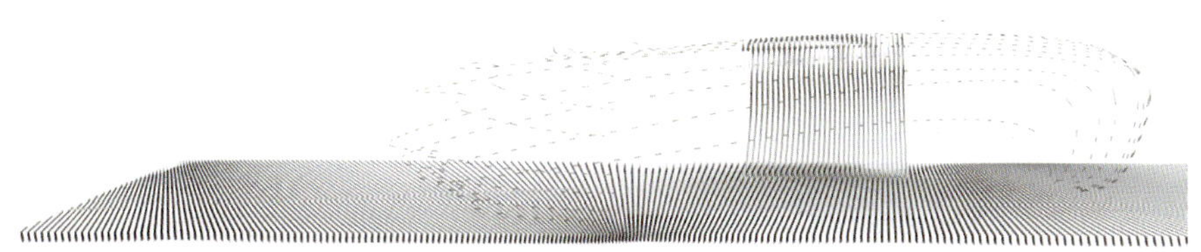

a

b

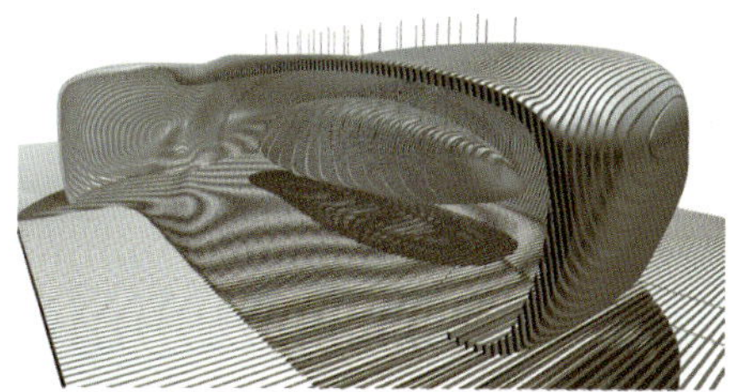

c

构造

如图 e 所示，每个骨架的组装都必须被准确地钻孔来安装暗榫，然后再切割成环状，因此需要一部五轴的 CNC 切割机来制作非直角的孔洞和边缘。也因为每个孔洞是为 3D 轴向的，具有定向的功能，因此，在实际的建造过程中，并不需要框架，因为插入孔洞的暗榫，就可以把每一个环状骨架固定在正确的位置上。这显示了制作工程的潜在效率，是使用 3D 数字制造方式所带来的意外之喜。

互动

本设计采取非封闭式的表面制作，来区隔展示和贮藏两种空间，也能够让观看展览的人，透过非封闭的隔墙，得知另一空间的状态和活动之变化，产生一种视觉上的联系，使两个空间之间能得到感官上的互动。

米兰艺廊利用计算机参数辅助设计至制造的过程，达到成本降低及形体简洁、纯粹之结果。本案在空间上彻底采用 3D 的材质部署，又能在价格较高的 3D 机器加工和价格较低的 2D 切割之间取得平衡，而结合程序编辑运算得到的参数模型，运用了多类这样的 CAD 技术，说明此为未来的发展趋势。本设计并无信息之数字建构特征，以下分别由动态、演化、制造探讨数字设计过程的建构现象。

动态

本设计在早期的草图设计是用 Rhinoceros（一种 3D 绘图软件）来绘制的，设计师希望得到的形体是一种拉伸或是进行变形的感觉，而这些用静态的模型是很难表现出来的，因此，设计师利用 3D 软件动态仿真出形体形变的过程，再从中决定最终方案，如图 f。

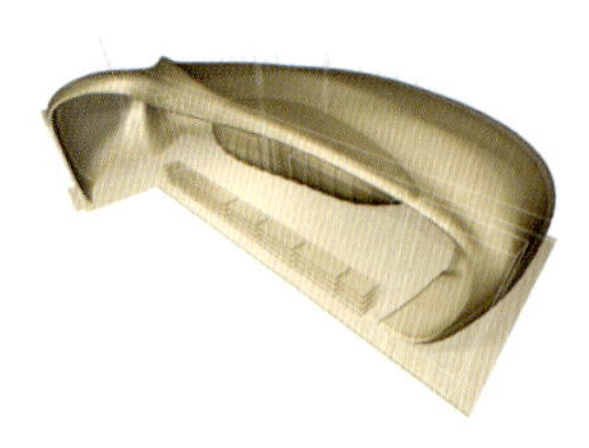
d

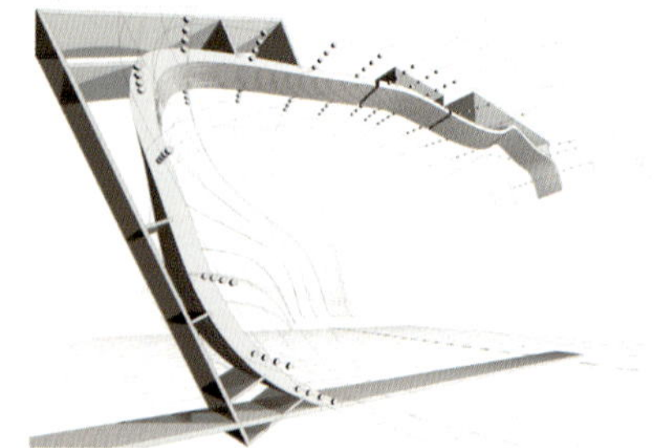
e

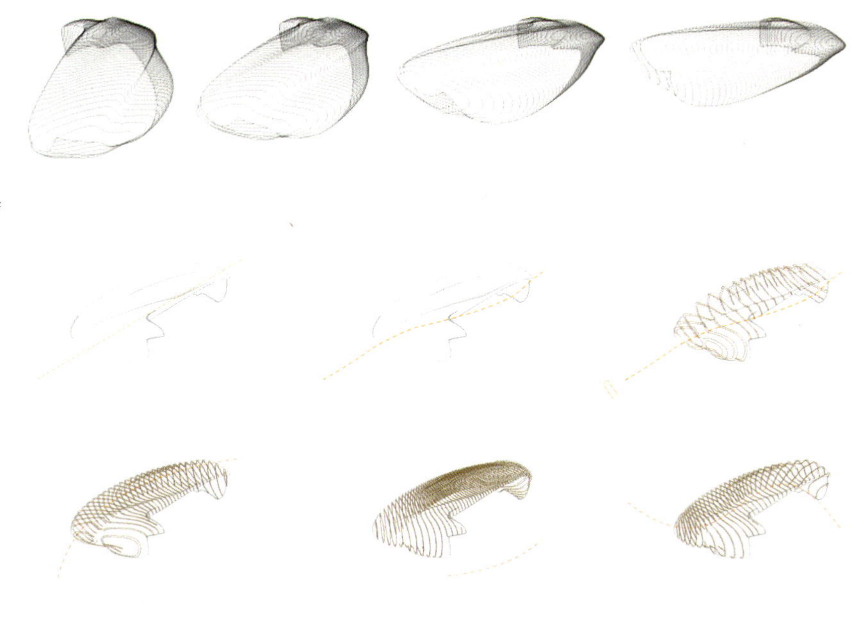

f

g

演化

由于本设计是非常自由曲线的形体，而设计者不希望产生直角接合的结构系统，因此，必须开发出一套计算机编辑程序（script），来精准地计算出非垂直水平的骨架，而利用程序的自动演化功能，能为形体分割出流畅且平顺的线条。执行步骤，首先为此自由形体分割出一系列的断面，利用对切割路径（中心轴）的调整，可以缓和平面空间的接合，并在其上加上分布曲面，可让平面组件的密度调整成最佳的视觉感受，断面则会依据此路径，自动产生，如图 g 所示。而利用这种简单却有效率的参数控制，能不断地对形体进行微调，以一连串形体变化的方式，一再地对它重制。加强使用计算机程式编辑的方式，使得在平面骨架区段的切割调整，变得相当方便，之后也能将尺度放大，来和实体的机器协议，相互整合使用。

制造

在设计时间，利用计算机辅助设计所得到的数字信息，见图 h，输出至 2D 切割机和 CNC 成型机，并在制造之前，先制作比例较小的实体模型测试过后，将此同一批数字数据文件放大至所需的实体建造，如此，可以运用同一批数字数据，精确地重现各种比例不同但形体相同的自由曲面，这对传统的建造工程，几乎是不可能实现的结果，而 CAD/CAM 技术的发展，使得相同的自由曲面之重现成为可能；这批控制所有数据的数字数据即为所谓的“原型”（prototype）。

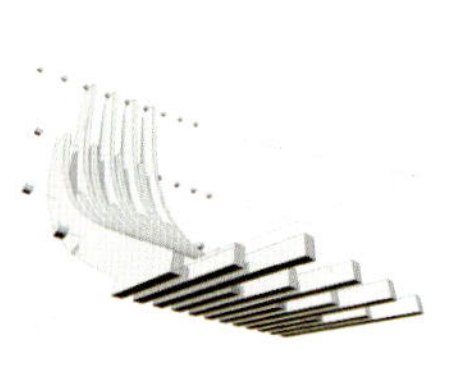

h

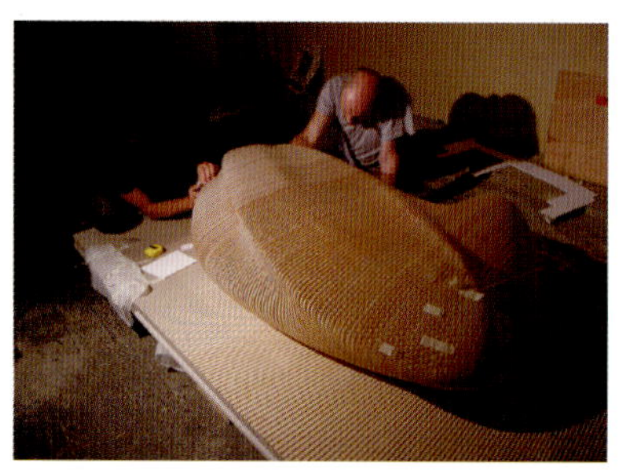

i

另外，要制作非直角的孔洞和边缘，需要用到一部五轴的多向度 CNC，当每一个单元切割制作完成后，由于孔洞的 3D 定向性，使得上千片的零件只需交由两人，在两天之内即可组装完成，如图 i，这是 CAD/CAM 技术之制造潜能令人讶异的突破所在。

Case [7]
循环・空间——2012 奥林匹克运动会展示馆

循环・空间（Loop.Space）是英国"Base4"团队为 2012 年奥林匹克运动会所设计的一个暂时展示空间，设计师包含 Simone Contasta， Andres Flores， Elena Bertarelli 和 Bidisha Sinha。此设计是采用一系列的空间配置以及互动的环状空间来建构，让置身在其中的人群可以如同亲身体验般地参与在其他不同地点上的体育赛事，共同感受活动现场的热情。本设计过程并无材料之建构现象，以下分别由连接、细部、物件、结构、构造、互动的建构因子分析其设计特征。

连接

本案的设计主要是透过于参数输入／输出的概念，来作为整个架构的规则，而这个计划的参数主要是来自于环形制造机（loop machine）、数字模拟、人群动画以及场地空间等，借彼此不断重复的影响，而渐渐浮现出设计的雏形。也因此，在概念设计过程中，并无连接的观念，虽然连接没有特别被强调，但在设计成形时仍是需使用连接这个元素将对象串联起来，如图 a 所示，此为本设计之最小单元。

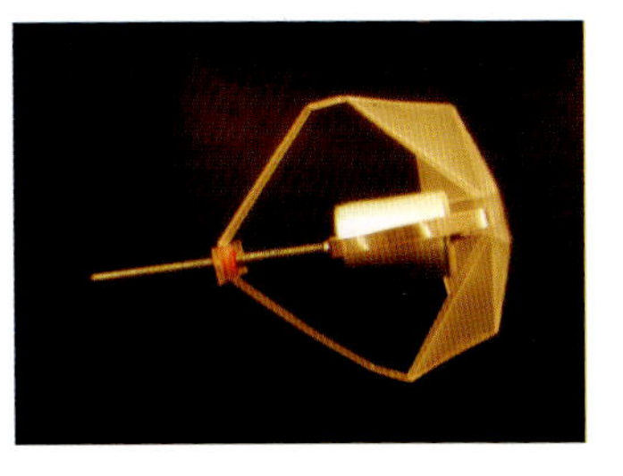

a

b

细部

此系统是由多个连续的多面形所串联成一条链状的组合，而这些多面形会形成一道信息墙，并利用整个墙面结构的运动，来处理整体建筑的移动；因此，在墙面最下方的多面体会安装轮子，以解决摩擦力的问题。图 b 所示，此为一个多面体上 LED 和与连接面的细部连接构成。

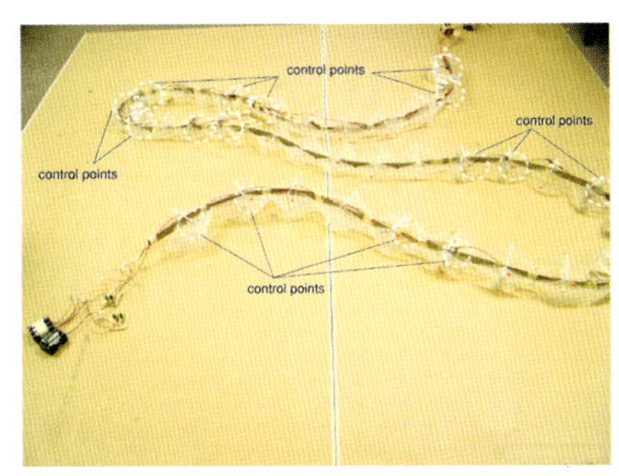

c

物件

如图 c 所示，本设计是由一条 25 米长的带状墙面所构成，其系在一根可活动的长杆上，而这跟杆子上连接了 8 个伺服电动机（servo），透过 BASIC stamp 微控制器，连接到计算机数据库。因此，若要及时反映现场的人群状况，可透过计算机的参数控制，只要控制一个节点的运动，就会带动其他相关物件的移动，使其变成一道可动的墙面，进而影响到整个展馆的移动，并可随时修改整体的空间配置。因此本设计的物件除了长条带状墙面外，还包括数个数字控制的装置物件组合而成的。

结构

一开始，先利用折纸的方式来制作纸模型，这是用来测试分离组件间的几何性，并希望能为整体的环形结构找出其他可能的结构特性，见图 d，因而得到此可动墙面有三种可能的结构变化方式：垂直倾斜、水平环绕、非垂直水平的扭曲。另外，结构的改变，是依据使用计划（program）的需求来确定的，其会依据当时当地的场地状况，透过数字控制的方式，将这群庞大的数据库经过程序编码，输出至墙体的节点上，如图 e 所示，以实时更动结构方式，随时达到最佳的空间配置。

d

构造

如图e所示，此设计是用重复单元以矩阵的方式排列组合而成，而因为主体结构会随时变更，因此有没有固定的构造方式，且由于此环状墙面需不断地接收周围环境的信息，接收的信息再与主体的运作相互影响，使得加入数字信息后的墙面构造变得相当复杂，且也无固定的形式，建造过程在这个设计上的探讨也相对模糊。

互动

这个设计是预计放置在伦敦特拉法尔加广场（Trafalgar

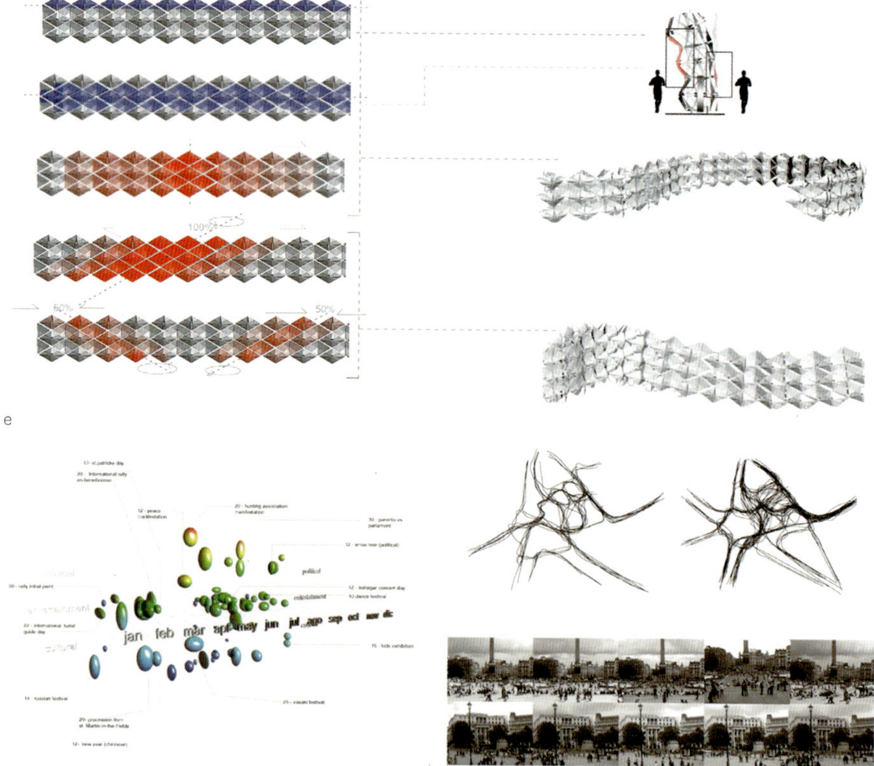

e

f

Square）的一项大型装置，因此，在设计之初，设计团队即对场地上一年的人群变化进行分析，并追踪目前广场上人行道的使用状况，提出新的空间分配，如图 f。且由于此装置是架设在一开放空间中，因此与周围人群的互动性相当高，而装置的形体也会随着与人的实时互动，而不断进行形变，形体的改变是受背后的计算机程序语言所控制的，其控制因子有墙面上的信息内容、当时场地上的结构形变及人潮的密度等，使得建筑能和周围环境彼此协调至一个最佳的状态。

循环 · 空间这个展示馆能让每一个环形空间的感知，如同置身于沉浸式环境一般，为群众运动创造一种感知活动的新模式，而借助对人群整合与配置的方式，创造出这种连续的结构体和新的互动技术，为其他城市的开放环境之建筑提出一种新的可能性。以下分别由动态、信息、演化、制造探讨数字设计过程的建构现象。

动态

特拉法尔加广场是英国伦敦著名的广场，也是伦敦最重要也最具象征意味的开放空间，也由于背负当地交通中心枢纽的因素，使得此场地原本聚集与移动的人群状况相当繁杂，因此，设计师在一开始设计时，即为人群的分析进行动态仿真，见图 g 所示，并与原本的使用计划比较分析，重新去定义广场的使用，进而来设计建筑的形体。

信息

整个结构体是由多个多面体以矩阵方式排列而成的一道数字墙，且此点阵墙面可传输串流信息，将不同地方的体育赛事之画面实时传送至特拉法尔加广场。信息画面的呈现技术，主要在多面体上安装 5 毫米或 15 毫米的 LED，以接收数字讯号，类似 Smartslab 系统，让观者不论在近或远的距离下，皆能得到最佳的画面质量。图 h 为模拟环形内部空间中的情况，呈现出其空间配置，以及人群聚集在显示墙前共同观看媒体信息的画面。

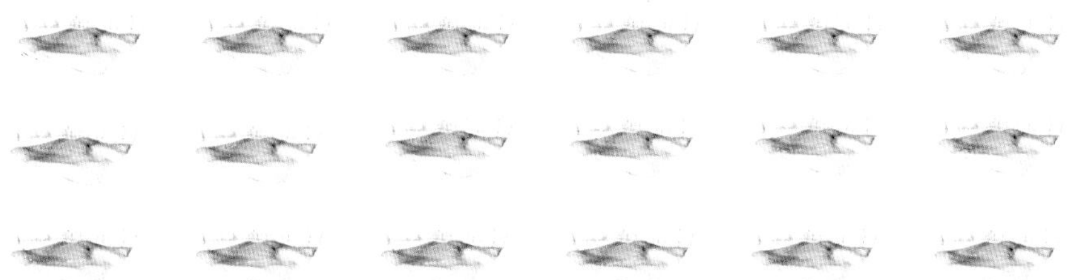

g

演化

图 i 说明整个形体和数字控制之间的关系，此为一可动的带状结构体，是将贝塞尔曲线的概念应用到实体对象上，并透过数据库的程序编辑对连接进行控制，将可运动的程度设一参数范围，参数的改变受当时环境的变化而及时演化出形体。另外，将数字参数转换至动力的呈现，则由安装在特定单元上的直流电动机负责信息之转换。

制造

设计师在设计的过程中，制作了两种“原型”，分别测试其不同的需求，为此不可预测之复杂形体事先寻求解决之道。图 j 为一个 1：50 的原型，主要是为了呈现整体结构的形变及展馆中关于人工智能系统的一个回馈机制；而图 c 是一个 1 ：10 的实体模型，目的是为了将贝塞尔曲线和连接实体化，将一系列不连续的组件，固定在一连续的内部结构上，并在几个固定的位置上安装电动机，用计算机自动控制，呈现出整个封闭的环形空间移动之状况。

h

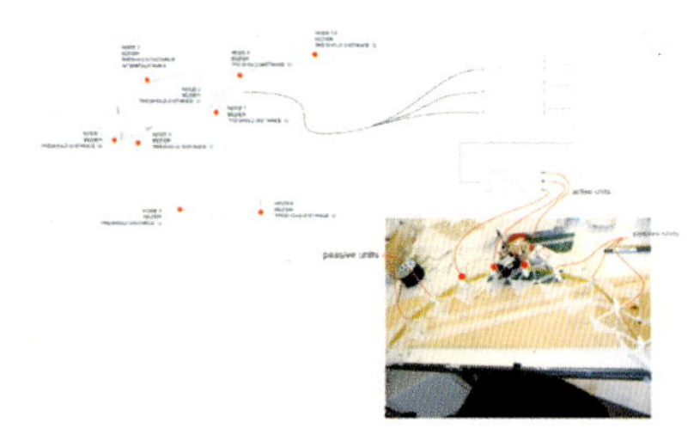

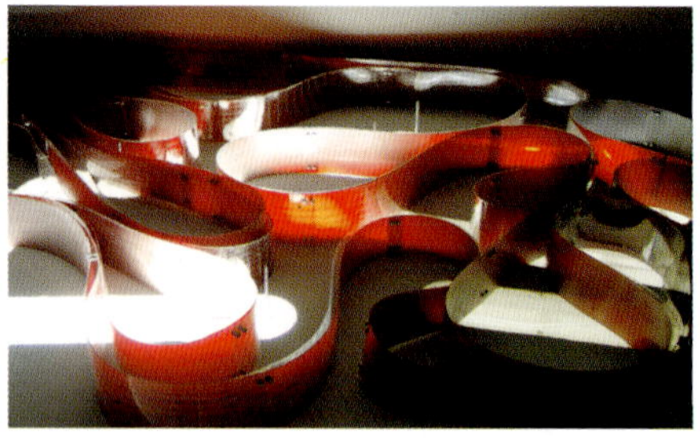

j

Case [8]
编码、爱欲和工艺

编码、爱欲和工艺（Codes， Eros and Craft）是由纽约知名建筑师 Evan Douglis 为 Jean Pouvé 的家具作品回顾展“Three Nomadic Strctures”所设计的展示空间。其企图让地面漂浮在展馆的地板上，以平行方式排列，构成了空间的墙体，使其看似超越出实体空间中的一个不完整的“房间”，企图打破传统展示空间和展示品之间明显的二分法。以下分别由连接、细部、材料、物件、结构、构造、互动的建构因子分析其设计特征。

连接

由于设计概念是为让展示品“漂浮”于展览空间中，因此设计师使用一种特制的金属支撑物，突出于膜状表皮外，如图 a 所示，以作为展场和展品之间的连接；让桌椅、壁板等展示品能够“浮”于此不平衡的波浪表面上，传递出在水流剧烈激荡的背景之中，反而强调了作品的静态展示。

细部

在如编织般的波浪表面上，每个单元之间有一些柱状分布的中空孔洞，此是为了与展示品之间的接合处所做的细部设计。细部的分布以矩阵方式排列而成，位于波浪高低起伏之间的凹陷处，如图 b 所示，单凭侧面的角度观看，不易察觉此设计的细部所在。

a

b

c

d

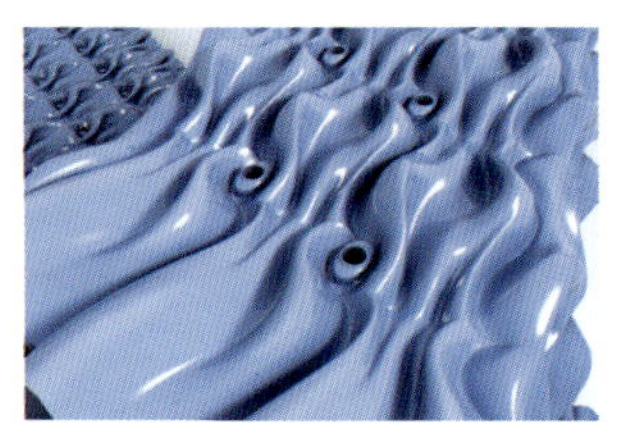
e

材料

本设计之波浪表皮部分，如图 c 采用一种高密度的发泡塑料，然后将之压制成完稿后的模型，制作出如膜状的 3D 形体，再包覆一层高亮的表面色彩处理，形成一光滑的外表；而与展览品之间的接点，为不影响展览品的展示效果，采用金属支撑材作为单一的材料。另外，设计师在选材过程中，特别强调色彩本身就是一种材料，色彩的策略性运用，对设计整体的影响很大，如图 d。

物件

整体设计只使用了一种波纹单元，并以 16 个单一波纹单元组成此波纹表面，而每一个波纹单元又包含许多相同单元的小组件，这是因为使用了一系列的计算机程序设计及以拓扑方式的模块化，将这些小组件连接在一起，并利用自动编织的效果，造成一个不断延展的设计结果，如图 e。设计师希冀设计出一套兼具内在和外在的建筑组件，如地板和墙面瓷砖，承重砖或是交互面，企图模糊家具和空间甚至建筑之间的界线。

结构

本设计为呈现一体的编织效果，并期达到结构和装饰之间的重组可能，因此每个单元间利用“连锁”（interlocked）的方式不断延展而成，形成一自我支撑的膜状结构，如图 f 所示。此结构能以波浪的形体进行编织，产生一系列不断重复的表面变化结果。

构造

为了符合 Jean Pouvé 以“流浪”（nomadic）为主题的设计概念，设计师为其展场设计出一种非固定的空间展示形式。它可不断地以不同的组合方式进行重组，建构出各种不同的展示空间，而每一块模块都是以相同的波形单元不断衍生而成；本设计是以单一模块，运用标准化的建造方式，来呈现多样化的设计结果，如图 g。

互动

本设计企图打破展示空间和展览品之间的界线，以拉近在信息时代中和展品逐渐疏远的展示环境，让展场本身也是一件展示作品，而能受到观者的关注，见图 h。观者的身体、展示的空间和展示的对象，在整个参观的过程中，构成了一个新的想象延伸，也同时获得超现实和拜物主义的奇妙感受，让人们在此经历了一场不同以往的互动过程。

f

g

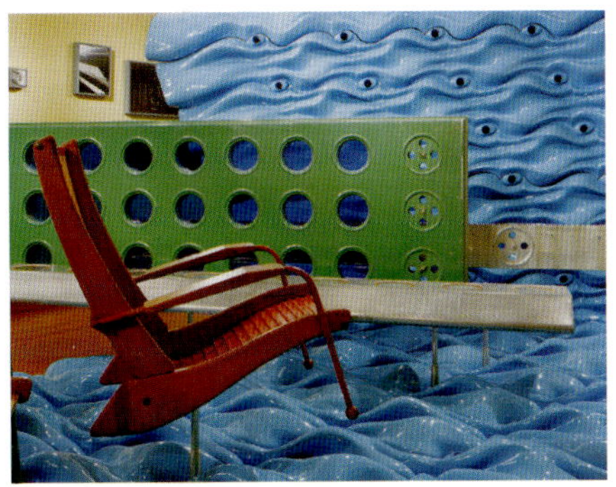

h

编码、爱欲和工艺是以数字的方式，为空间建构出充满装饰性的图形结构，设计师 Evan Douglis 为符合展览品之现代化系统的概念，完成了此可模块化且易于拆卸和组装的“仿生学”结构，此可延展的波浪表面是由无数个相同的“数字模块”所反复连接而成，以达到“自动编织 / 自动繁殖”的设计目的。本设计并无动态、信息之数字建构特征，以下分别由演化、制造探讨数字设计过程的建构现象。

演化

此自动编织／自动繁殖（Auto Braids ／ Auto Breeding）计划，以数学逻辑为基础，并用仿生学为例，以单一的数字波动表面为单位，运用编织的方式，不断自动演化成各种波动形体，因此，每一个数字模型单元都可利用计算机程序，精确地控制其表面形体的演变结果，也能不断重复地复制出相同的折叠表面，如图 i。

制造

其制造过程见图 j 所示，首先将每一块高密度的发泡塑料裁切成适当的大小，利用五轴 CNC 机洗出成型，每一块单元需花上 24 小时的时间才能完成，而此设计形体共需 16 个单元。每一块单元上都已设计出固定的连锁细部，使得整个组装过程相当简易且有效率，每个单一模块也能不断被重复使用，之后也能方便地拆卸和重新组装成各种不同的形体。

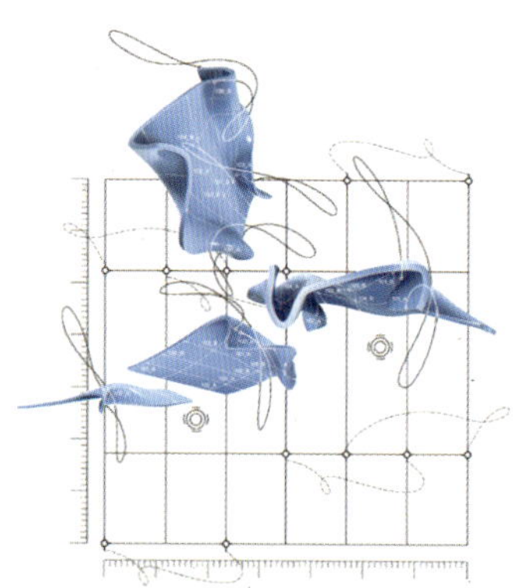
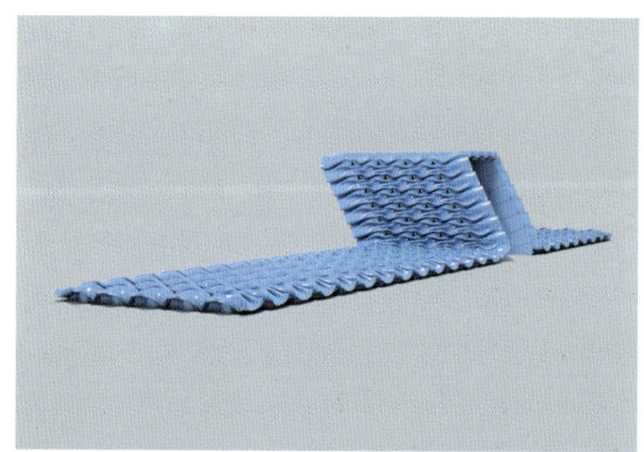

i

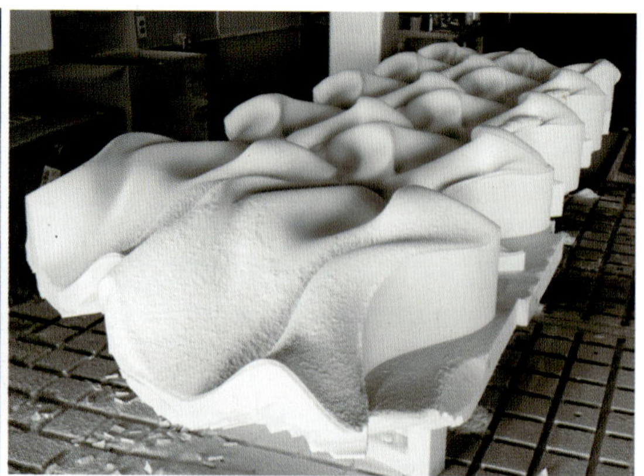

j

Case [9]
Reebok 上海旗舰店

上海 Reebok 旗舰店（Reebok Flagship Store）是由 Ali Rahim 与 Hina Jamelle 替 Reebok 在 2003 年年底的品牌策略所做的设计。在占地一万平方英尺的店面中，目标要将 Reebok 的品牌带入人们真实的生活空间中。本设计过程并无连接、细部之建构现象，以下分别由材料、物件、结构、构造、互动的建构因子分析其设计特征。

材料

为了呈现出冻结速度和移动轨迹的瞬间之设计概念，本案利用透明、白色之纯粹的材质，来表现流畅、不间断的特质，而也因为没有过多其他材质和颜色的干扰，在整体空间上，单纯地表现出速度滑行的瞬间，成功营造出周围空间的渐变和瞬间凝结之感，如图 a。

物件

由于要呈现出速度的流畅和连续性，物件在本设计案的呈现几乎是彼此相连，而无明显的连接点。虽然整体设计置于一个相当传统的方形空间内，但空间中物件的关联却相当模糊。从图 b 中可看出，楼梯延伸而变成楼板，地板继续延伸而变成了顶棚，阶梯是由地板切割、拉扯而变形出来的。彼此几乎都在同一物件中做变化，而无附加上其他的物件，使得物件和物件间的界线相当模糊，无法确切指明物件之机能，使其在本设计的呈现上，已经打破传统建筑的物件观念了。

a

b

结构

本设计利用连续的断面，将力量传递到主结构上，而楼梯、地板和顶棚，也连接成一完整的结构。整体结构系统确立之后，再规律地划出分割线，来作为结构的主要分割，见图 c。

构造

本案为表现出一体成型之设计概念，而分成三个结构系统，第一为“主结构系统”，附于原有稳固的方形结构上，作为整体主要的力量支撑来源；第二为“副结构系统”，是为钢构系统，主要架构出设计之形体；第三为“细结构系统”，是为进一步地来形塑表皮和曲线，如图 d 所示。最后，在其上贴上统一之表皮，以呈现出一体之设计。

互动

本案利用渐变的方式来表现出速度冻结的瞬间，运用线性切割，在地板、灯光和形变上，塑造出韵律感的图形呈现，见图 e 所示。虽然它静静地停止于空间中，但当人们移动时，则会感受出力的方向性，而产生速度感，成功地表现出 Reebok 的品牌策略，也成功地和消费者产生互动而感受其品牌所要表达之意。

上海 Reebok 旗舰店（Reebok Flagship Store）的设计是为传达出 Reebok 品牌策略，其设计概念主要为了表现速度冻结的瞬间，而运用了许多流线的形体作为呈现方式。其将许多渐变的流线形体置于一个空间中，而塑造出速度行经之轨迹。本设计并无信息之数字建构特征，以下分别由动态、演化、制造探讨数字设计过程的建构现象。

动态

本案欲用建筑计划来发展 Reebok 品牌的三个特色：向量（vector）、展现（performance）和信赖（authenticity），而在“向量”的呈现上，设

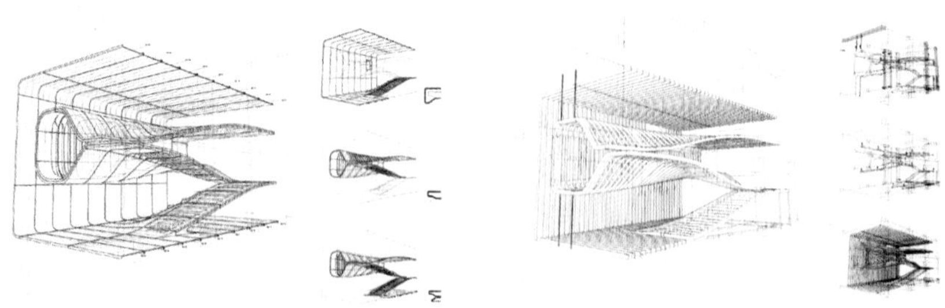

c　　d

计师们借时间的动态变化，来捕捉所有力量的每一刻改变，并将其转换为建筑的形态，如图 f 所示。其冻结了速度和移动的轨迹，并将之呈现在立面、断面、楼层和灯光上。

演化

本案利用计算机程序之编辑，将和速度相关之参数输入至程序中，令其自动演化出形体，再将产生出的各种不同形体，挑选、整合出所需之部分，来作为此建筑形体的概念依据，如图 f 所示。

制造

在制造部分，见图 g，其直接在数字模型上将骨架单元拆解为数字组件，并在每一个组件上给予编号以利之后的组装行为；然后再用激光切割机切出每个组件，并将这些切割完成的组件拿到现场组装成一完整的建筑实体。

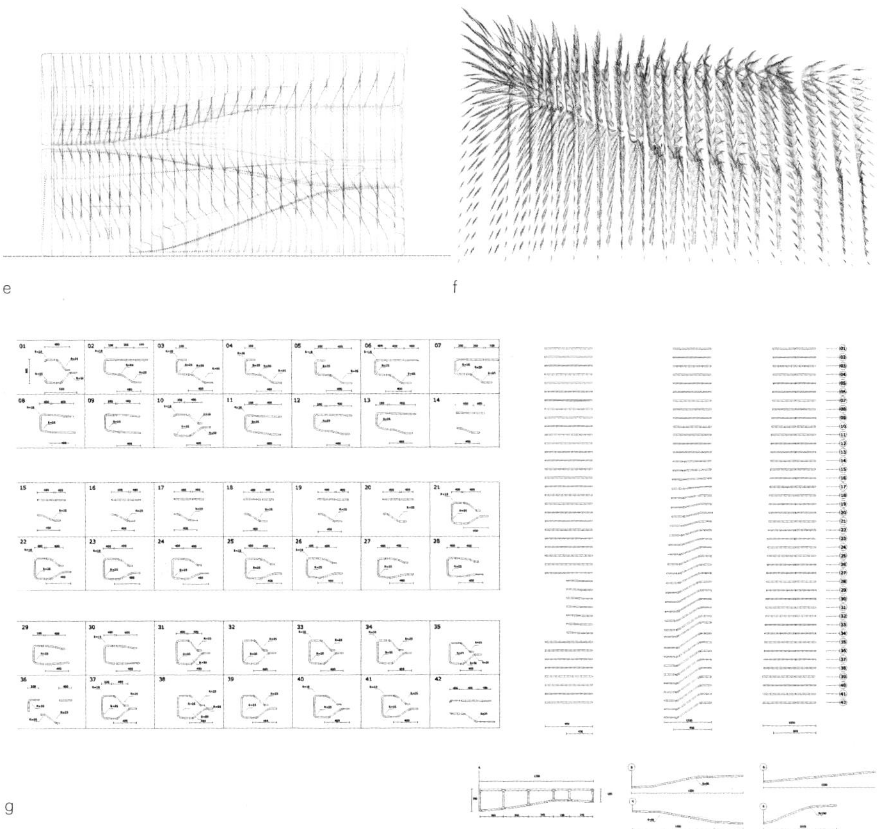

e

f

g

Case [10]
多向度受压结构

多向度受压结构（Slender multistress driven structures）是由 Guillem Baraut 和 Mattia Gambardella 所设计之跨河行人陆桥。其目的是为了在设计的早期阶段，即能发展出一种兼具结构和空间形体的设计方法，主要针对拓扑优化和最短路径这两方面进行建筑形体的研究实验。本设计过程并无细部之建构现象，以下分别由连接、材料、物件、结构、构造、互动的建构因子分析其设计特征。

连接

本设计之主要概念之一，即要达到纤细以及兼具结构性的设计，且由于需要发展出一个最短路径的连接系统，因此，在此连接系统的平面上，需考虑路径间的连接处。而关于最适连接的位置，设计师参考了 Frei Otto 对于结构力学上的研究成果，发现三点之间的最短路径并非来自于三角形结构，而是如图 a 的星形系统，而最短路径之网络交通系统，不但能将材料和时间的成本降至最低，对于使用者也能增加其通行效率。

材料

纤细且依材质方向受压是本设计的基本概念，而一般这种主要结构组件的选择，并不使用搭钩的方式来解决，为避免使用长礅距来破坏这种结构的最佳形体，因而设计师考虑到大自然的系统本身具有的张力结构可能是避免这种搭钩方式的一个策略，且所有的自然系统都是使用纤维的方式作为材质系统；因此，如图 b 所示，在选材方面，选择易做的玻璃纤维作为此设计的主要材料，使其能够承受结构张力，而又能兼具轻盈的螺旋结构形体之目的。

物件

本设计是一个可承受多向度压力的纤细网状结构物件，由自动化程序演化而来。见图 c，此行人桥之构件上并无明显的桥墩、桥身、礅距等部分，物件的概念模糊，整体结构即视为一个物件。

结构

这如同吊桥一样的纤细结构，是使用张力的方式去承受设计形体和自己本身的重量。本设计主要的压力来自于垂直向下的地心引力，因此设计师利用纤维的运动方向来分散往下的重力方向，如图 d 所示。利用此方式

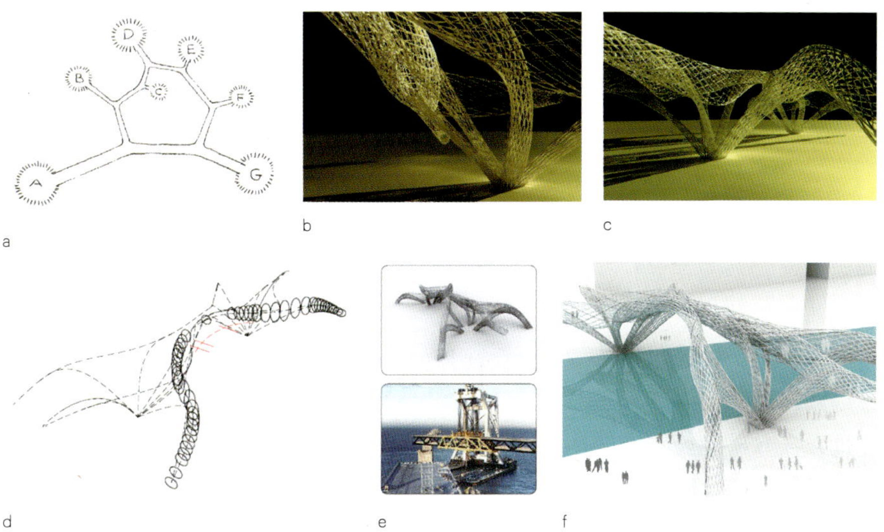

a b c d e f

便能够具体实现这个包含结构力学的优化形体，而这也是张力结构中最具经济效益的做法，借此能降低建造时的时间和精力。

构造

本案是预设于跨距140米河上的行人陆桥，因此在建造过程中，预计采用轮船为运输工具，且需将每一段玻璃纤维组件裁切成适当的大小，运送至现场组装完成，如图e。此项技术能够应用于载装各种长度的建筑物件之作法，是一种不受尺寸限制的建造方式。

互动

由于此形体的生成是来自于结构系统，而在结构计算的过程中，考虑了行人的所有可能动线，并提出各种最短路径的做法，使得人与环境的关系产生了多样的通行路径之可能性；另外，在设计过程中，设计师参考了仿生学的概念，因此能将建筑形体本身完美地融入大自然之中，使人、建筑与环境之间创造出各种可能的互动体验，如图f。

多向度受压结构（Slender multistress driven structures）之设计利用仿生学的概念，观察自然的结构，而产生出此多向度的纤维散布之设计形体。其设计过程以结构力学为主轴，并将这些结构数据，运用计算机运算技术

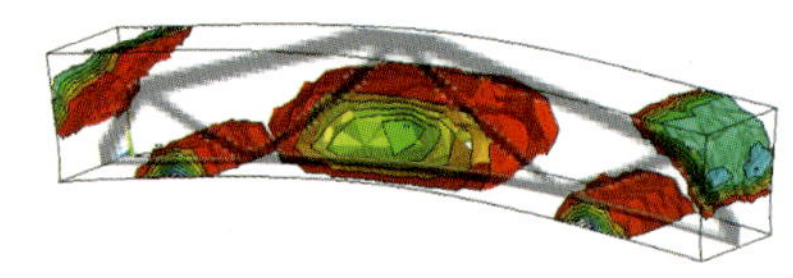
g

自动产生出最佳且不失轻盈的设计结果。本设计并无信息之数字建构特征，以下分别由动态、演化、制造探讨数字设计过程的建构现象。

动态

此设计在结构优化的过程中，使用 Finite Element Analysis（FEA）结构计算软件，以动画仿真的方式，在最适结构之下，得到如图 g 的形体架构，之后再依据此架构，进行细部结构的进一步设计。

演化

本设计在利用计算机程序编码自动演化出形体的过程中，利用 Matlab 程序将实验所得之“吸引子”（attractor）和“抵抗力”（repellor）因子的数据转换至 3D 平面上，如图 h 和图 i 所示；并利用计算机算法计算出最短路径，见图 j 和图 k，然后将此数据再次输入 Matlab 程序中，计算出最佳形体，如此不断循环，直至设计师对其形体满意为止。最后，将这些数据输出至衍生程序（Generative Components scripts）和 Rhion 软件中，产生如图 l 的衍生参数模型（Generative Components parametric model）。

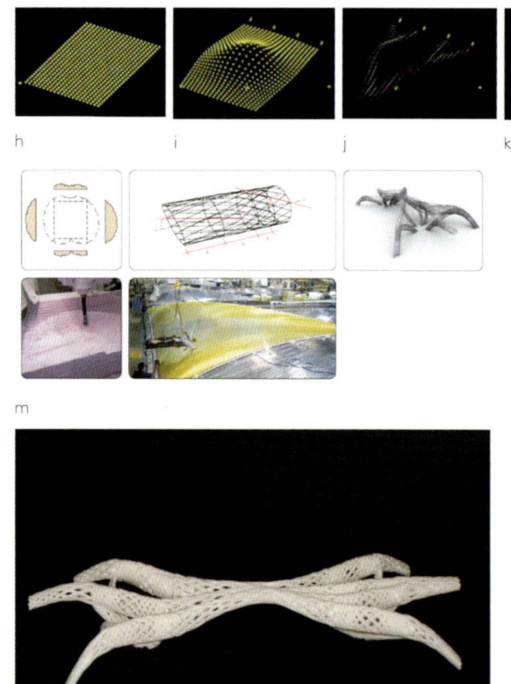

h i j k

l

m

n

制造

在制作模型的过程中，设计师先将整个设计形体分段，并利用 CNC 成型机制作出上下左右四块模具，见图 m，并将每一段玻璃纤维以树脂黏合于模具上，完成分段的玻璃纤维组件制造；之后将每一分段组装起来，形成一个纤维网状的多向度受压结构系统。另外，在整体形体的模型制作上，设计师也运用了快速成型机，输出一比例较小的实体模型，以实际检视整体设计的样貌，如图 n。

Case [11]
城市大厅

城市大厅是由跨国建筑团队——“MRGD”所设计的作品，其主要成员有来自土耳其的Melike Altinisik、黎巴嫩的Samer Chamoun和德国的Daniel Widrig，这个研究计划的场地位于伦敦市中心70层楼高的“中心办公大楼”（Centre Point office tower），而为解决此处入口的多样性以及复杂的沟通等问题，因此透过数字运算技术进行整体的系统和结构设计。本设计过程并无细部、材料之建构现象，以下分别由连接、物件、结构、构造、互动的建构因子分析其设计特征。

连接

由于本设计组件是使用毛发系统（Hair System）和结构自动衍生所演化而成的组件（Generative Component），并依据此模仿发束行为的形体设计出许多浓密且交叉相叠的分支出来。设计师考虑了在这些交叠分支的接合处上，需有连接的设计将之固定，使得触角能够继续以正确的方向延展开来。因此，在本设计中，运用了计算机图像的方式，仿真了设计连接的演化位置及可能情况，如图a所示。

物件

在本设计之初，并非以立体的概念来设计，而是利用捆成一把的发束为单位，以动态仿真的方式，演化成一稳固的结构，使得设计形体极具一致性且彼此相连，也因此，物件的概念在此相当模糊；而在后制阶段时，需在此充满线条的信道系统中，置入各种机能设备，如楼梯、坡道、电扶梯和垂直信道等，而需将此信道系统分段成不同的动线物件，如图b所示，以符合此建筑系统所需之各种不同的标准。

结构

此复杂流线的结构系统是利用计算机自动演化方式计算而来，运用演化过程中所产生的形体，得到基本的结构原则。而在设计过程中，利用这些伸展的流线线条以及在交叠处上的连接，来产生三维网状结构系统，形成一个多孔状的骨骼结构，使外部的结构表面变得稠密且坚固，形成了一个结构完整的组织计划，见图c。

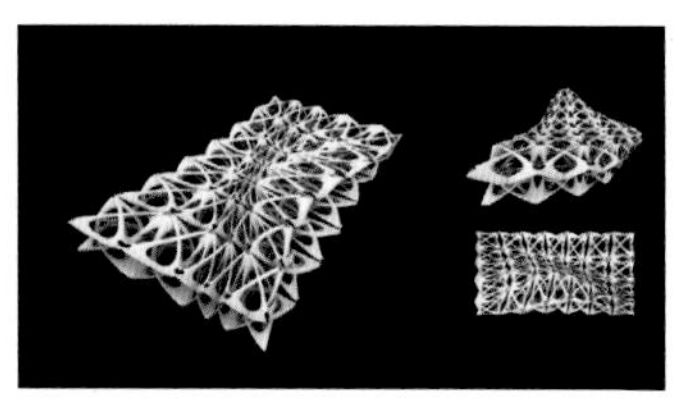
a

b

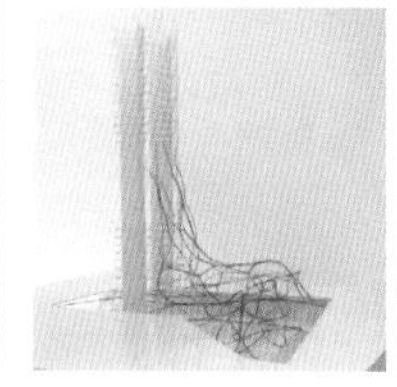
c

构造

本设计是运用毛发系统自动演化的形体，其结构系统也是依据此形体利用计算机程序自动计算出来的，因此已具有合理的梁、柱、顶棚和楼板之结构单元。然而，在此设计过程中，并无特别说明本设计将如何建造完成；而在模型制作中，是使用快速成型机（RP），以一体成型的方式制作而成，见图 d，也因此，建造方式的探讨在这里相当模糊。

互动

本设计主要为解决城市大厅入口处复杂且多样性的沟通与传输问题，因此设计了这个可以有效链接各地需求的网络系统，创造了各种机能的开放空间及提供了各式人群的商务需求，使得人与人之间获得方便且有效的互动交流；建筑与环境之间也因为流线优雅的空间形态融合为一体，美化了此过于繁忙的都市空间，为人和环境间创造出美好的互动关系，见图 e。

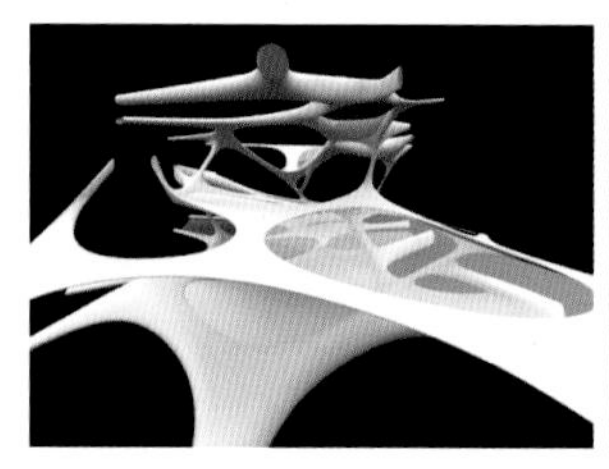

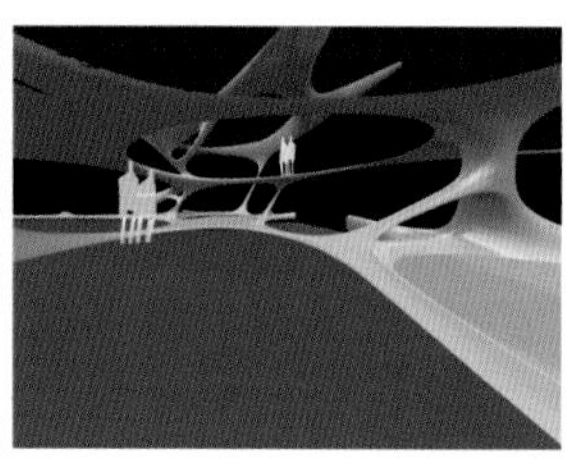
d

e

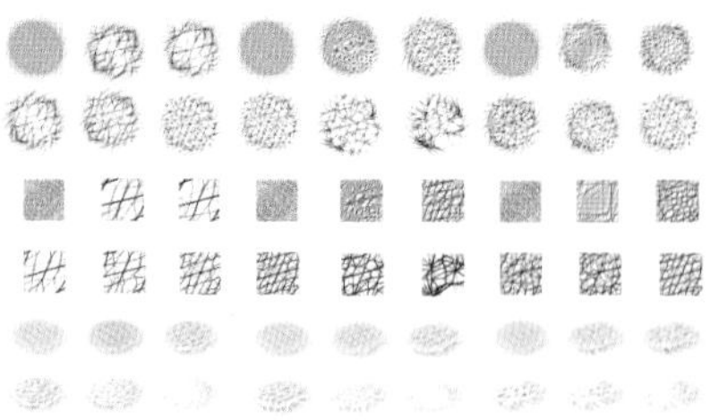

f

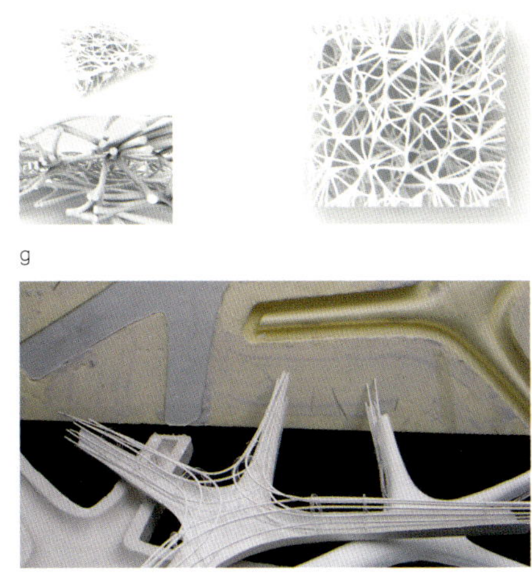

g

h

城市大厅运用了数字设计之方式，完成了“美丽”和“简洁”这两种截然不同的设计概念，运用简洁优雅的特性来解决城市中复杂的交通问题及各式各样的使用议题等，而同时也意外地获得美丽的呈现，而这是因为设计师在设计初期，利用了计算机自动演化技术，随机创作而生。本设计并无动态、信息之数字建构特征，以下分别由演化、制造探讨数字设计过程的建构现象。

演化

本设计是使用一种名为“毛发系统算法”（Hair System’s Algorithm）的计算机编码程序自动演化而成。其概念是模拟毛线在水中的运动行为而立，演化的过程并非以立体的概念来设计，而是利用毛发作为元素，彼此交缠而成。因此，一开始将线条系统放入毛发动态演算程序中，不断重复计算，直至产生出一个设计师满意的稳固平面结构为止，见图 f；并再以垂直方向，向外拉成一个三向度的立体空间，最后，创造出此复杂且兼具空间配置的形体出来，如图 g。

制造

这整个设计案利用了数字工具进行形体的自动演化而设计出此简洁美丽的有机形体，因此，设计师考虑了此优雅的形体也需利用数字工具，才能有效地将之建造起来。为了顺利将自动演化组件转换成具体的实体对象，在模型制作上，主要着重在连接处的独立制造研究，如图 h 所示；其利用激光切割机、CNC milling 和铸造机等数字工具来制作数字组件，以精确呈现此优雅形体流畅的流线角度。

Case [12]
流体墙

流体墙（Blobwall）是由 Greg Lynn 与 Emmanuelle Bourlier、Andreas Froech、Christian Mitman 等人组成的团队针对建筑最基本的构造单元“砖块”所做的设计。但其打破传统砖块四四方方的刻板印象，将砖块设计成流线造型，变成轻量化、具备多样色彩并可产生多种造型组合的材料，整体视觉效果宛若装置艺术作品。本设计过程并无连接、细部之建构现象，以下分别由材料、物件、结构、构造、互动的建构因子分析其设计特征。

材料

设计师认为 21 世纪的“单元材质”应该是能够被修改的，而这是本案一个很重要的关心议题。因此，设计团队选择一种低密度、可再生、抗冲击且不需外力支撑的环保聚合物作为材料，这种塑料聚合物可被塑造成任何形体，成形后也易被修改、裁切；且此材料的特性具半透明、透光性、耐久性，并能够选择各种呈现的颜色，如图 a。有趣的是，材料的来源是用再生资源回收利用，所再制成的新品。

物件

从古至今，“单元”在建筑建造过程中是个很重要的概念，而一个小单元的材料易被人工运送、处理，事后也容易用其他的材料来修补，如上色或涂上一层灰泥等，而“单元”具有一个很重要的特征是，可以用重复的形式，不断地相互堆栈。而在数字设计和制造的年代中，这种“单元”的概念是很值得被进一步探讨的；也因此，本案对建筑最基本的构造单元——“砖块”，进行重新的诠释，透过数字和实体模型来回地不断调整，开发出三圆叶的三角形单元，如图 b 所示。

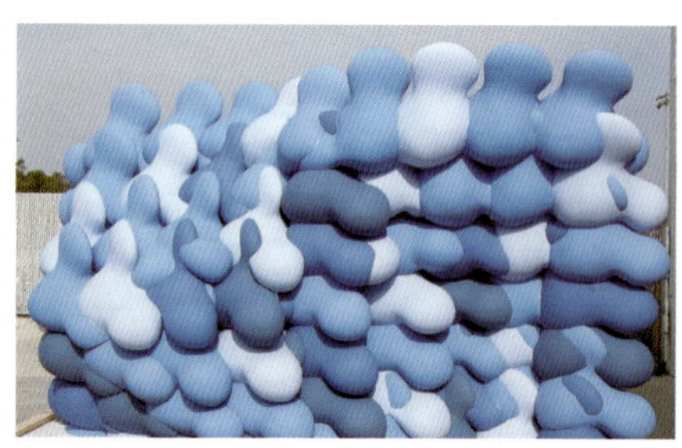
a

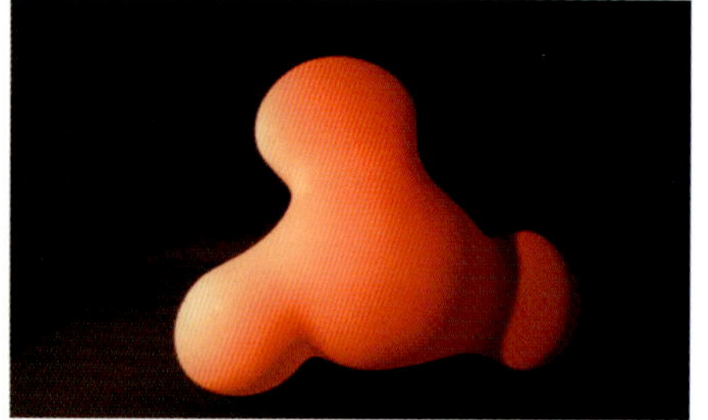
b

结构

在制作过程中，虽然这个三圆叶单元被事先大量制造，但并不影响最终的完整形体，只要依据每个单元的定位和角度，就可以创造出各种有机的自由形体，如图 c，而就如主设计师 Greg Lynn 所说：“单一的单元是没有任何变化的，一旦使用后，就有了改变。”(One unit becomes the constant，the use becomes the variable.)

构造

流体墙是采用模块化的构造方式，就和传统构造的砖块一样，由下往上慢慢堆栈，由每个三圆叶单元互相镶嵌组合，可创造出各种形式的自由曲面，如 S、L 或 C 等之墙面，也可堆栈出拱门和圆顶的形式，而不需另外的支撑物，如图 d 所示。但由于本案是大量客制化的过程，因此，在堆栈过程中是相当耗时且费工的，但未来客制化生产是无可避免的趋势，如何降低成本，将是一个很重要的议题。

互动

此多彩的结构物置于环境中，会对身处其中的人产生丰富的视觉刺激，而鲜明的色彩与环境的互动，就好像在展示一件装置艺术般，如图 e。颜色

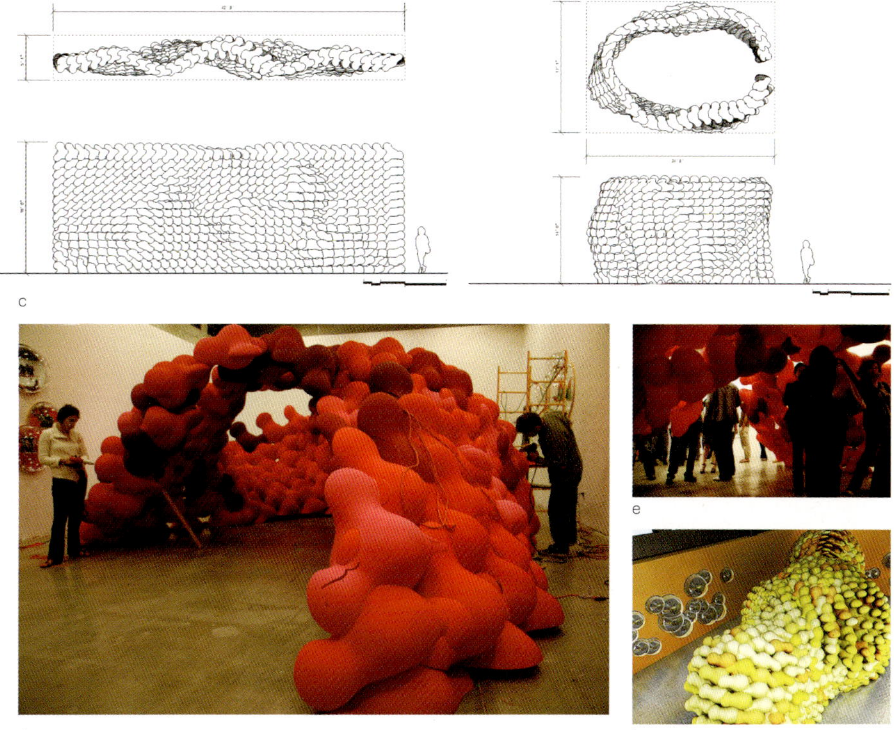

c

d

e

f

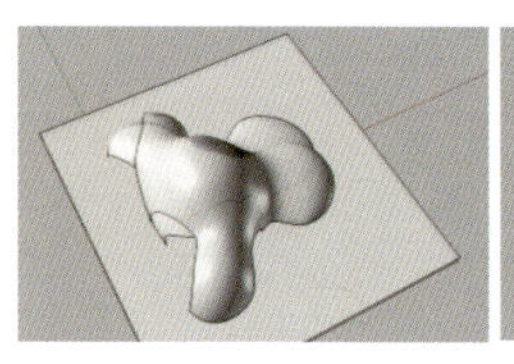
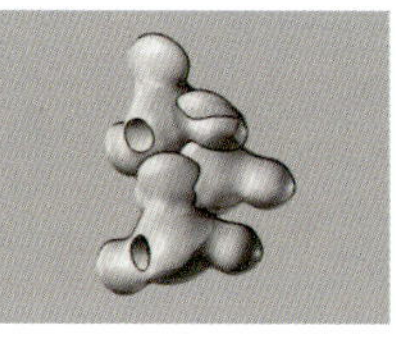

g

的选用，必定受到周围环境的影响甚深，本设计材料单元具有可选用多种颜色的特性，因此增加了设计在空间中的视觉刺激强度。

h

流体墙是一个针对材质和形体研究的设计案，主要探讨当代对模块化建造和空间配置的定义，此设计和建造过程受 CAD/CAM 技术有很大的影响，可从主持设计师早期有关生物形态的建筑形体之作品看出端倪。本设计并无动态之数字建构特征，以下分别由信息、演化、制造探讨数字设计过程的建构现象。

信息

本设计选用环保聚合物作为材料，可创造出各种颜色，而不受单一色彩的影响，颜色的挑选，是一个很重要的视觉传达媒介，见图 f。

演化

本案使用三圆叶单元来建造形体，因此了解单元的含意对未来的设计和建造是很重要的，而形体的产生须借数字设计和制造的辅助才可精准完成。图 g 所示，设计师使用 3D 软件，如 MAX 或 Maya 设计整个形体，并利用计算机程序编辑，将相同的单元自动重复复制出一个完整的自由形体，之后再分析每个单元之间的相互关系。而在此设计师重视的是利用单一单元的自动生产方式，而不是去考虑处理一个几何形体的解决方式。

制造

为了大量生产最小的建造单元——“三圆叶单元”，首先，需生产一个原始单元，制作出金属负模，将一个聚合物颗粒小球，加热并倒入此模子中，旋转模子，并确认内部表面都均匀覆盖聚合物后，静待冷却后即可成形，之后再不断地“复制”，就能大量生产出许多的三圆叶单元了。而在 3D 软件中，一旦每个单元被计算机程序自动堆栈至结构后，会使用布尔功能（Boolean function）减掉两个单元间的重叠部分，在这个阶段，设计师必须选择单元的优先级，决定哪一个单元必须被移除；之后，计算机将最终结果，输出至一台特殊的五轴

CNC 机器，这台机器是由计算机软件所控制，以确保精确地切割实体单元；然后将每一块单元或是被切割后的子单元加以编号，以为清楚标明之后组装的正确位置；其中，CNC 制造的这个过程，是由 Machineous 这家公司特别开发出五轴和六轴机器，专用于建筑，如图 h 所示，这对建筑的数字制造，是很大的突破。

Case [13]
繁花艳开——建筑拓扑几何

繁花艳开——建筑拓扑几何（Technicolor Bloom: Building topological geometries）是 Brenna Buck 和 Rob Henderson 依据建筑拓扑几何的概念所作的设计尝试。他们为建筑设计提出了一种新的方法与一系列符合美学的规则，将拓扑造型与建筑系统里的结构、孔径、开口与构造相结合，扩展了建筑的可能性。本设计过程并无细部之建构现象，以下分别由连接、材料、物件、结构、构造、互动的建构因子分析其设计特征。

连接

此建筑形态是由 1400 片单一而不同的“单元”所组合而成的一个连续且往外扩张的表面，而约以 10–12 为一组，单元和单元之间的连接仅用束线带在边缘简单地将之串联地绑在一起。连接在这里并没有特别被强调，它仅作为一个胶粘剂的功能，主要是为成功呈现出一个整体而流畅的大型面状之结构，见图 a。

材料

本设计选用 1400 片夹板作为材料，而每片夹板是由许多薄片相叠成约 5 厘米薄的轻板，并用 CNC 裁切机在每片夹板上挖空成不同的图样，并在夹板和夹板之间，有间隔地重叠置放，而形成一系列半透明网状的层次表现形式。使得原本材质的使用，经过进一步的设计，呈现出另一番不同的面貌，如图 b。

物件

设计形体贯穿于于既有空间，而形成一种隧道式的架构，旨在打破原本人们经常行走的路径，如图 c 所示；而由下往上看，也能看到类似一个开窗的视野，能够顺利看到楼上的状况，而非将人束缚在一个封闭的空间中。因此，本案虽然设计出一个隧道的框架，但是其空间感受，又不致让人觉得幽闭。

a b c d

结构

整个设计形体是由许多的单元一片一片所组装而成的双曲线结构，因而每一片单元是由两个夹板组合而成，两个夹板之间有竹节支撑，使得两夹板间有些间距，如图 d 所示。如此，整体结构因为厚度增加，而更为稳固，也因为夹板间的穿透性，使得整体结构感觉的起来相当轻盈而不厚重。

构造

本案花了将近 12 小时进行组装，一开始从左端的支撑面开始，不断往右延伸到底，而形成一个庞大的水平平面，并在平面上方增加往上的悬吊力量，加以辅助支撑，以反抗往下的地心引力，见图 e。

互动

见图 f，此类似隧道的拱形空间中，呈现出多彩且穿透的特性，当人们置身于此三维空间的多彩图腾时，会产生一种奇妙的视觉互动，而能引发我们在造型上无拘无束、自由变换的联想。而在此空间移动的过程中，也会经历洋红色、蓝色和黄色的空间变化，而产生一种如梦似幻的特殊感受，如此奇幻的空间营造，是和人互动的最佳范例。

e f g h i j

繁花艳开——建筑拓扑几何这个作品实验了在图形上的未定义性与不确定性，利用这一规律的演化方式，不断重复制造，图形在发展自身的同时彼此遮蔽，各种不同尺度的图形在各自结合的同时也相互融合，使得它在建筑图形上所能产生的变化，已超过语言能赋予的固定意义了。本设计并无动态之数字建构特征，以下分别由信息、演化、制造探讨数字设计过程的建构现象。

信息

建筑表面除了做了一些图形的变化外，每个表面不同深度的层次彼此重叠，产生一种如波浪丝绸般的特殊效果，而有颜色的表面被安置在朝内的那一面上，而此会对外层的白色表面上折射出隐晦的色彩，不同的颜色也会制造出不同的效果。另外，再这三维空间的图案转变上，也创造出一种模糊、半透明且透光性的复杂表面，加以颜色的变化，使得建筑表皮仿佛诉说着各种丰富的言语，活泼且清朗，见图 g。

演化

大部分的 3D 模型程序有几个产生表面的方法，一般的作法是依据不同的参数，来计算出不同的几何形体，本案也是利用单一的形变方式，不断以棋盘式的镶嵌方式重复演化，而产生一个愈来愈密集的图形，如图 h 所示。再将此结果切割成正交或是不规则的子单元，见图 i，并在 4 条或

7 条边的交接点上，建立一个连接点，并在此 2D 的平面上，作为三向度弯折的依据。

制造

本案一开始利用一系列的实验方式，来证明基本的拓扑几何表面的可行性，其间，使用了激光切割机在亚克力（丙烯酸）上先行作出一小型模型进行测试，以确定 3D 形体弯曲的方向和角度符合最佳的视觉效果。之后，将之放大为一建筑空间的尺寸，利用了 1400 片的夹板，先在每一夹板上利用 CNC 切割机切出在数字模型中所对应的图案，将白色那一面朝向外面，内面为有颜色的部分，制作成一个个的空心单元，如图 j 所示；再将之依据编号以 10-12 个空心单元为一组，精确地组装完成，然后每一组再彼此相连而成一个完整的整体；由于计算机辅助设计与制造精准的单元制作过程，使得整个组装过程约只需花 12 小时即可完成。

Case [14]
互动环境 · 分散计算 · 数字制造

互动环境 · 分散计算 · 数字制造（Interactive environments， distributed microprocessing， digital fabrication）是加拿大建筑师兼艺术家 Philip Beesley 协同 Robert Gorbet 所设计之互动作品，其概念是基于宇宙万物皆是有生命的信念而创作，命名为“有生之地”（Hylozoic Soil），它是一个“有机且活生生”的系统，仿造丛林密布的森林形态而生，提供了环境与居住者在移动过程中互动的可能性。以下分别由连接、细部、材料、物件、结构、构造、互动的建构因子分析其设计特征。

连接

本设计是一个网状的结构系统，且整个系统和环境有紧密的互动性；为使装置和环境能顺利产生互动行为，让整体结构可自由伸缩，而需制作出一种可伸缩的移动结构，因此，在系统骨架和骨架之间则要特别设计一种适合的连接，让整体设计能达到良好的互动效果，如图 a。

细部

此设计装置以一个“气孔”（pore）为单位，而每一个“气孔”之细部分为好几个层次，包含利用记忆金属来控制动作的“悬臂”、用来加强收缩动作的“控制杆”、被控制杆所推动的“肌腱”（tendon）部分、肌腱所连接而成的“舌头”和舌头所支撑最外层像羽毛的“薄膜”等，见图 b 所示；

而当肌腱收缩时，则会创造出呼吸和舔舐的动作，整个细部设计由数字互动系统所控制。

材料

为完成此轻质结构，在材料的选择上，不让使用者在行经此处时有过大的负担，因此，在骨架方面，是使用亚克力（丙烯酸）为主；在薄膜方面，则是使用锯齿状的聚酯透明薄片为材质；在结构装置方面，则是利用各种机械装置来完成互动的动作，包含透过微控制器的电路板、记忆金属、制动器以及散布在空间中的传感器网络等，结合成一个分布式的互动系统，见图 c。

物件

本设计物件是由骨架和薄膜两种构件所组合而成的支臂，见图 d，每只支臂即为一个“气孔”，而此装置包含三种气孔，呼吸气孔（breathing pore）、轻抚气孔（kissing pore）和吞咽气孔（swallowing pore）。“呼吸气孔”是由许多锯齿状的塑料薄膜所组成，会产生舌头卷曲的动作；“轻抚气孔”使用了肉质乳胶薄膜，产生如吸吮、拉扯的动作；“吞咽气孔”则是由许多须状垂吊物组成，密布于栖息地中，其为具旋转轴的亚力克（丙烯酸）薄片所制作而成，伸展时会产生蠕动、旋转的动作，增加整个网状结构的波动行为。而这整个装置使用了 8000 个支臂来完成此互动丛林。

结构

轻型的网状格子形态是本设计的结构核心，此弹性的网状结构是由许多小薄片，以百合状的矩阵方式（lily array）接合而成一个四面体的形体，其策略是采用有效的张力结构和网状编织系统，以壳状的外形为基础，用这些二向度的薄片材质支撑起三向度的形体出来。此结构组成包含各种不同大小的规格，包含客制化的组件、用组件数组组成的编织结构及形成一整体的结构系统，以产生如图 e 的双曲线拱形结构，创造出复杂的形体。

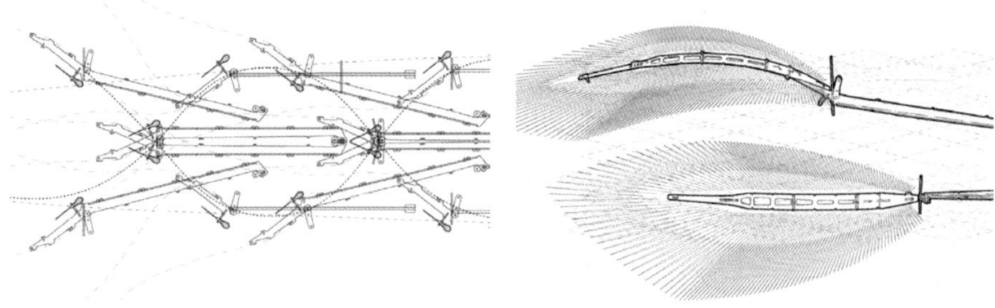

a　　b

构造

其构造是以单一单元组装的方式来制作，以一个柱状的双曲线为单位，利用大量客制化的不同组件来组装；每个薄片以网状方式编织、接合而成，当每个单元组装好之后，部分单元以悬吊方式，悬挂于顶棚上，部分则分散排列于底板上，如图 f 所示，企图营造出如丛林般的神秘感受。

互动

此装置和用户有很强烈的互动关系，如居住者在环境中移动的过程中，当他们企图穿过这片浓密叶丛时，环境中的传感器会感应周围空气的流动，而察觉到居住者的动作，然后便会透过控制器从结构系统中吸起少量的空气，将仿如有机组织状的枝叶收起，形成了动作的波纹，对居住者产生触碰、抓取、啃啮的情绪反应行为。设计师利用此有机的互动机械装置，模糊了人为和天然之间、环境与科技之间的界线，使天然形成和人造世界间，彼此能获得和解，见图 g。

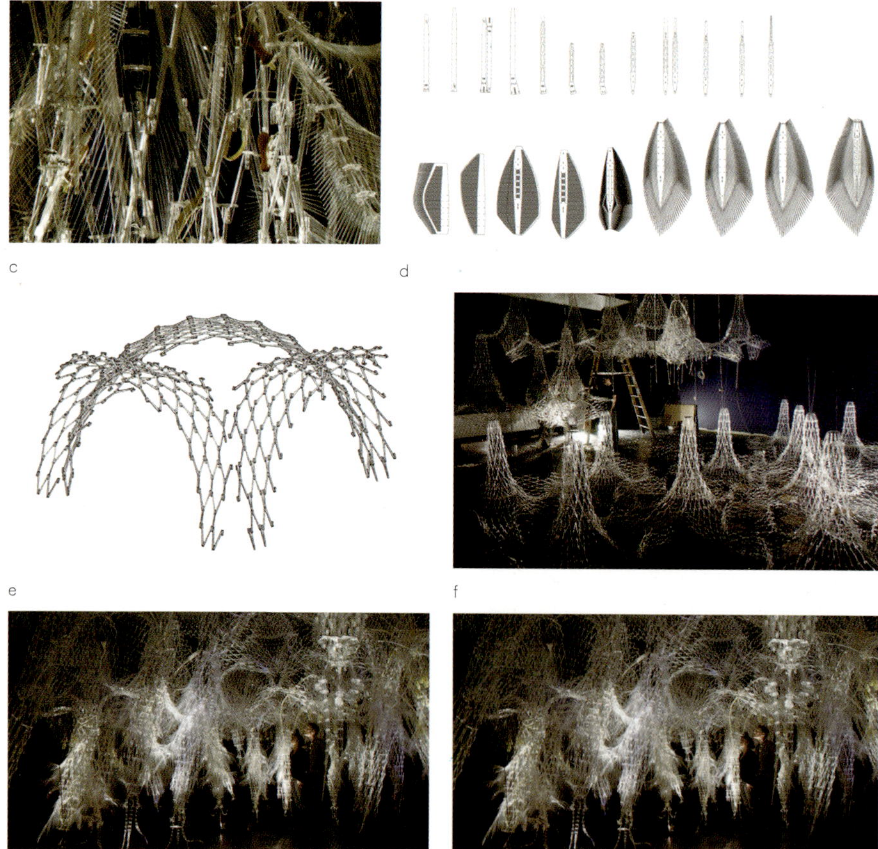

c

d

e

f

g

h

互动环境 · 分散计算 · 数字制造是一个互动的纺织网状结构，运用了参数设计和数字建造来制作，并使用传感器侦测周围环境的变化，当人们靠近时，周围气流会流动，其装置会触动运动神经，开始摆动，创造出有趣的互动环境。本设计并无动态、演化之数字建构特征，以下分别由信息、制造探讨数字设计过程的建构现象。

信息

图 h 显示本设计是一感应周围环境变化的互动装置，当环境的气流产生变化时，则会触发装置上的电子传感器，产生机械式的运动，给予居住者一种与许多活生生的呼吸气孔相互活动的奇妙感受。而此装置之互动系统使用一种名为“Arduino”的开放平台来制作，是一种利用软件控制的互动装置，此控制板能够读取传感器的数据，完成简单的决策，并控制装置系统的动作。如图 i 所示，本系统利用各种机械结构的设计，来完成各种复杂的互动行为，传递互动信息予居住者。

制造

这个具互动行为的复杂装置是用许多的客制化薄片组装制作而成，每片压克力（丙烯酸）薄片都是用激光切割机，精确切割出各种不同的造型；利用此超过 70000 个重复的激光切割组件，不断编织、组装成一个紧密的立体骨架，如图 j。此做法是为了将这片枝叶茂密的丛林，以简单且经济实惠的方式具体呈现出来，利用计算机辅助，获得最佳形体之设计，将材料的消耗降至最低，且能不失其品质，引领潮流。

i

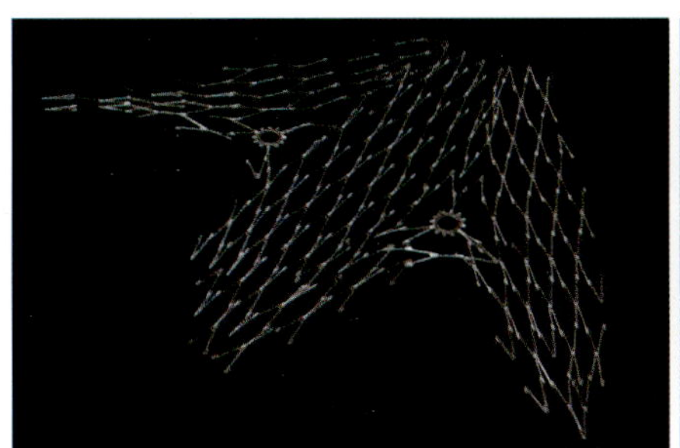

j

Case [15]
新媒体学校——学校的形态生成

新媒体学校——学校的形态生成（New Media School: Morphogenesis of School Typologies）是由来自日本的长友大辅（Daisuke Nagatomo）和中国台湾的詹明旎（Minie Jan）这对夫妻所共同合作设计而成的作品，其学校场地位于加拿大的新斯科舍省（Nova Scotia）哈利法克斯（Halifax）这座历史古城的海港边，设计师以独特的分布式系统，创造出彼此交叠的关系和信息交换的平台。以下分别由连接、细部、材料、物件、结构、构造、互动的建构因子分析其设计特征。

连接

本设计是一个整体但非垂直水平的不规则骨架系统，连接位于每根骨架和骨架间的衔接处。如图 a 所示，设计师在设计过程中有考虑到接点和骨架结构之间的稳固性，然而，设计概念是以完整的一体设计为主，因此，连接在这里并没有特别的被强调，仅作为结构骨架之间的参考作法。

细部

由于此媒体学校是一个连续的整体设计，而为使所有墙面都能显示媒体影像，因此在此连续的骨架系统上，需让网络管线的配置布满整栋建筑。而管线是隐藏于骨架系统中，因此在骨架系统的细部设计上，包含了一层

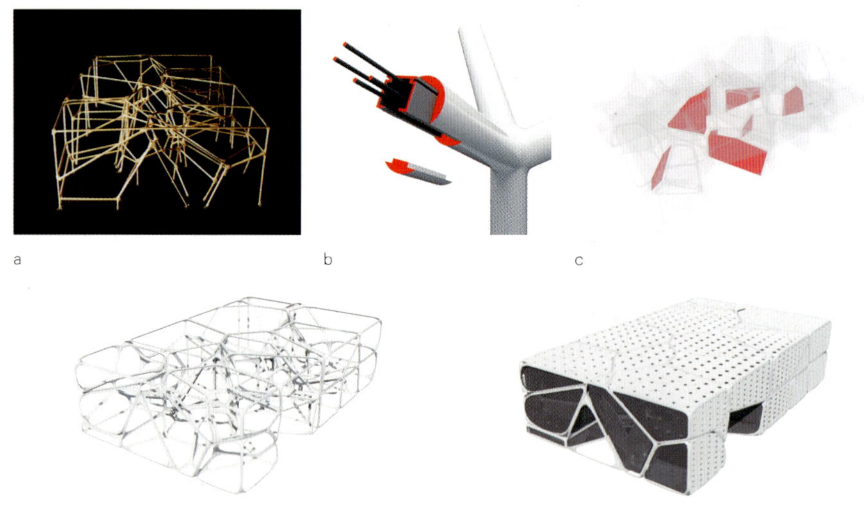

a b c

d

可拆卸的圆柱形外衣，包覆住所有的骨架系统；其内利用 C 型钢作为第二层的结构系统；最后，内包所配置的网络管线，见图 b 所示。如此所有的信息便能够透过内包于此连续骨架系统中的所有管线，传递至这栋建筑的每个角落。

材料

本设计主要包含骨架和表皮两种系统，骨架以金属钢构作为主要材料，而表皮方面，由于整体设计需符合遍布的媒体呈现概念，因此需使用可呈现信息互动的表面材质作为建筑之表皮，如图 c。设计师在室内空间方面，使用了可投影的墙面材质作为信息显示屏幕，选用此方法和 LCD 最大的不同是能够不受限于显示的尺寸，并能在有限的空间内，获得大面积的投影范围。此外，在投影屏幕上再盖上一层玻璃来保护，这些玻璃也嵌入一些互动的触碰面板，如此，显示屏幕便能简单地被使用者所控制，并改变媒体墙面的功能，作为和用户之间的互动接口。

物件

此媒体学校主要包含两种物件，一为连续整体的结构系统，二为以空间为单位的 Voronoi 区间单元，由于本设计是由程序演算而成为一个连续而整体的建筑系统，没有传统的垂直水平平面，因此，并无明显的墙面和楼板之物件，主要以一个区间单元为单位，区间之间内含连续的结构系统作为建筑的支撑部分，见图 d。

结构

在设计初期，采用许多不同机能的量体，排列组合而成一个大的量体空间，并以这些体量为单位，用计算机编码程序生成（morphing）为许多不规则的空间单元，其可从中撷取出一个个完整的空间单元，见图 e 所示；然后，彼此再组合而成一连续的结构系统。在此系统中，所有的墙面都可作为媒体的投影面，而主要的动线区则可作为艺术展示和作品展览空间。

构造

构造对于此设计是相当重要的一环，由于此建筑结构为一个个不规则的空间单元体，并不适合采用传统的楼板、柱梁等建造方式。而为确保其稳固性，因此建造方式首先将每个撷取出来单独的单元体，运用计算机程序运算将之摊平、拆开来制作，如图 f 所示，当每个单元体完成后，建筑整体的组合构造就会变得简单多了。

互动

此媒体学校强调多媒体的信息传递空间，整体建筑骨架布满网络电缆，

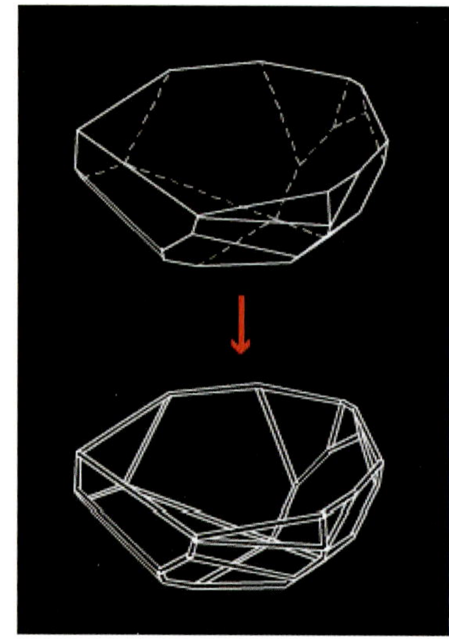

e

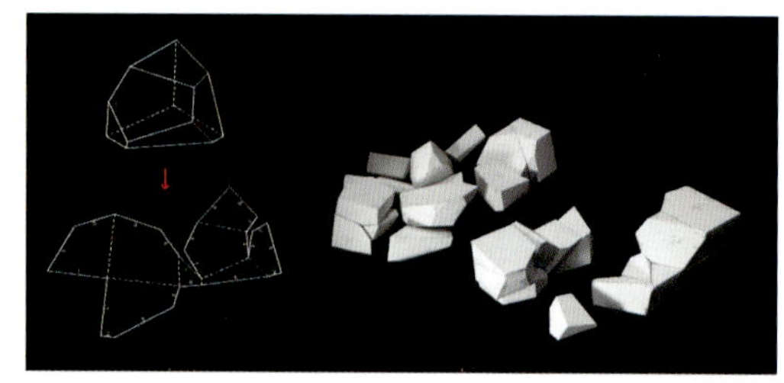

f

g

以作为信息传递的管道；而建筑表皮则是媒体呈现的接口，每一个空间的墙面借玻璃上的触碰面板，都可成为互动的墙面，而使用者可以视其活动的项目，改变墙面的投影内容，如图 g 所示，显示的画面极易影响整体空间的氛围，使建筑与人、人与环境三者能达到实时互动的效果。

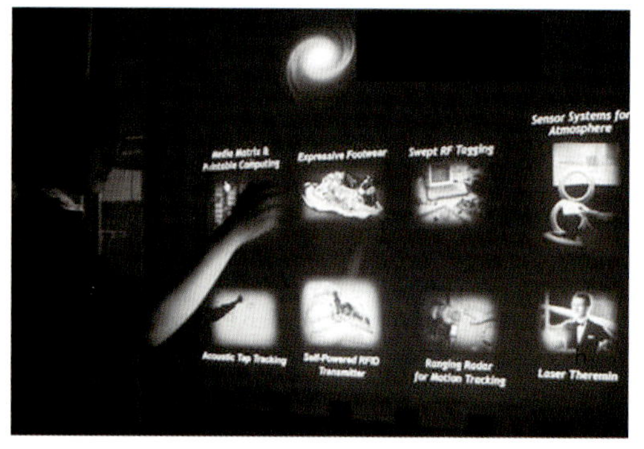

h

新媒体学校——学校的形态生成以分布式的网络系统为其主要的设计架构，其概念取自于大自然中气泡的结构生成，将空间与空间相交的平面转换成六角形的表面，创造出一个复杂的分布式网络结构，但彼此之间又紧紧相连成一个完整的个体，这座科技化的媒体学校，是由室内延伸至户外的舞台，与港口融合为一结合科技和景观的完整设计案。本设计并无动态之数字建构特征，以下分别由信息、演化、制造探讨数字设计过程的建构现象。

信息

设计师将此媒体学校设计成每个墙面都能投影，使任何一个墙面都可以作为上课的接口，且墙面上的信息也能利用互动的方式，改变信息的内容，见图 h，而外面的走廊可作为展演厅，形成一座多变化且具弹性的媒体信息建筑。

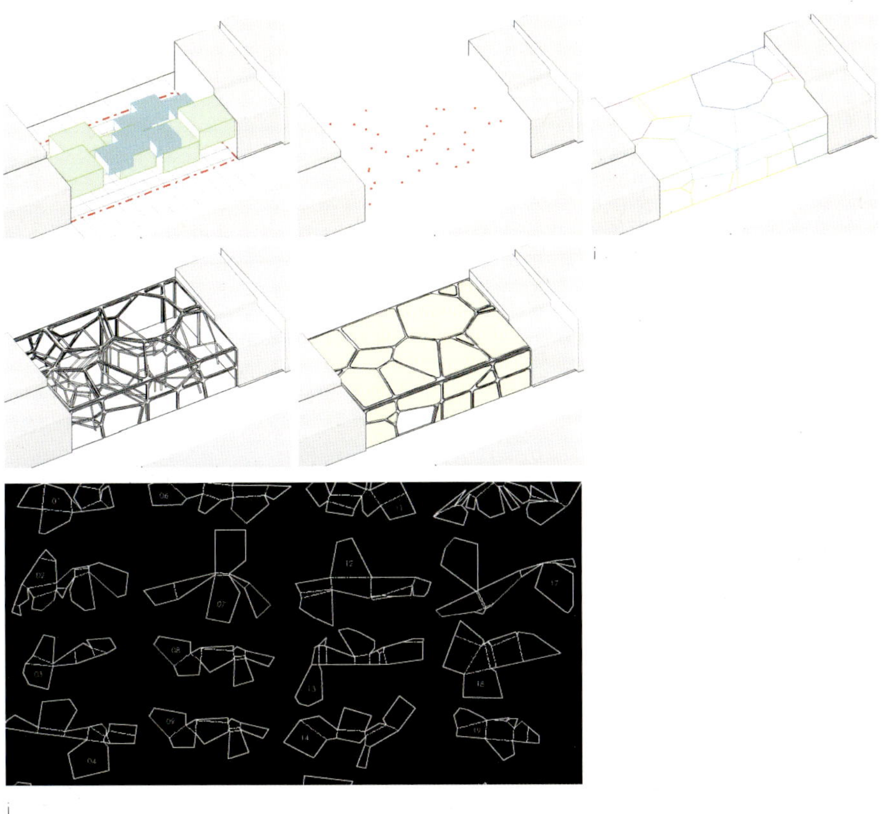
i

j

演化

设计师在设计这座未来学校时，以传统学校的空间配置为出发点；首先，在场地上配置各种不同大小机能的体量，然后再利用自动演化形体之程序——“Voronoi”，以每个体量的中心点之距离为基准，变形出各不相同的设计空间与形体；之后再自动演化出结构与表皮系统，如图 i 所示，最后形成一个分散的网络连接系统。

制造

在数字制造过程中，首先，先将 Voronoi 衍生出来的形体，撷取出每一个 Voronoi 单元，并利用自动摊平多边形体量之计算机程序得到一 2D 的摊平表皮，并给予编号，见图 j；然后再将这些编号过的摊平表皮使用激光切割机或是 CNC 切割机切割，并再将之组装，还原成原本的 3D 体量；最后，依据编号组合而成一完整的建筑体。

4. 数字建构思考
Digital Tectonic Thinking

上一章谈到 15 件远东数字建筑奖作品的分析架构，包括了 7 个古典因子（连接、细部、材料、物件、结构、构造、互动）与 4 个数字因子（动态、信息、演化、制造），根据新旧建构议题的详细讨论，我们清楚看到，古典建构在数字时代中势必扩增，4 个数字因子已经应运而生。

然而，本书想要以更严谨的态度来探讨这个议题，因此，上述的现象只能暂时视为一个初步的研究结果，第一组的案例分析结果，需要再透过资深建筑师的第二组 15 件作品，再次验证上述结论。由于这些作品的设计和建造过程，已在第 2 章介绍过，在此，我们不再依照第 3 章 15 件远东数字建筑奖作品的分析架构——每件作品依序以 7 个古典因子和 4 个数字因子来分析，而是根据 4 个新的数字因子（动态、信息、演化、制造）来分类，讨论这 15 件受邀作品的建构议题。本章的目的，是检验 4 个数字因子隐含在这些作品中的意义、用法、含意、贡献，相信这些数字因子能反映出数字科技在设计、制造与建造（design， fabrication， and construction）过程中的角色。

本书收录 15 件邀请作品作为分析案例，在某个程度上，其实有另外一个目的。第一组 15 件远东数字奖作品，都是为了探讨数字化（digitality）而切入设计的，因此很容易从它们的设计和建造过程中找出新的数字建构方法。然而，如伊东丰雄（Toyo Ito）、Zaha Hadid、MVRDV 及平田晃久（Akihisa Hirata）等多位受邀建筑师，他们进行设计时，并没有特别关注在数字议题的探讨上，而只是单纯地想创造出他们心中未来的建筑形体与空间，也就是说，这些受邀作品，可被视为本书第 1 章所谈到的“后数字”（postdigital）作品，而 15 件远东数字建筑奖作品，则可视为“数字”作品。当后数字时代的建筑，明显地引用数字建构因子时，我们可以更加坚定地宣称“新建构”时代的来临。

动态

新竹数字艺术馆（Peter Eisenman）
Hsinchu Museum of Digital Arts

在场地设计分析时，利用计算机仿真场地的网格及轮廓线，然后进行渐变来取得设计之形体，如图 a。图 b 显示不同年代的都市纹理所叠合出的网格，然后加以扭曲变形，得到最终的建筑用地设计范围与配置，同时也区分出场地的高层关系。

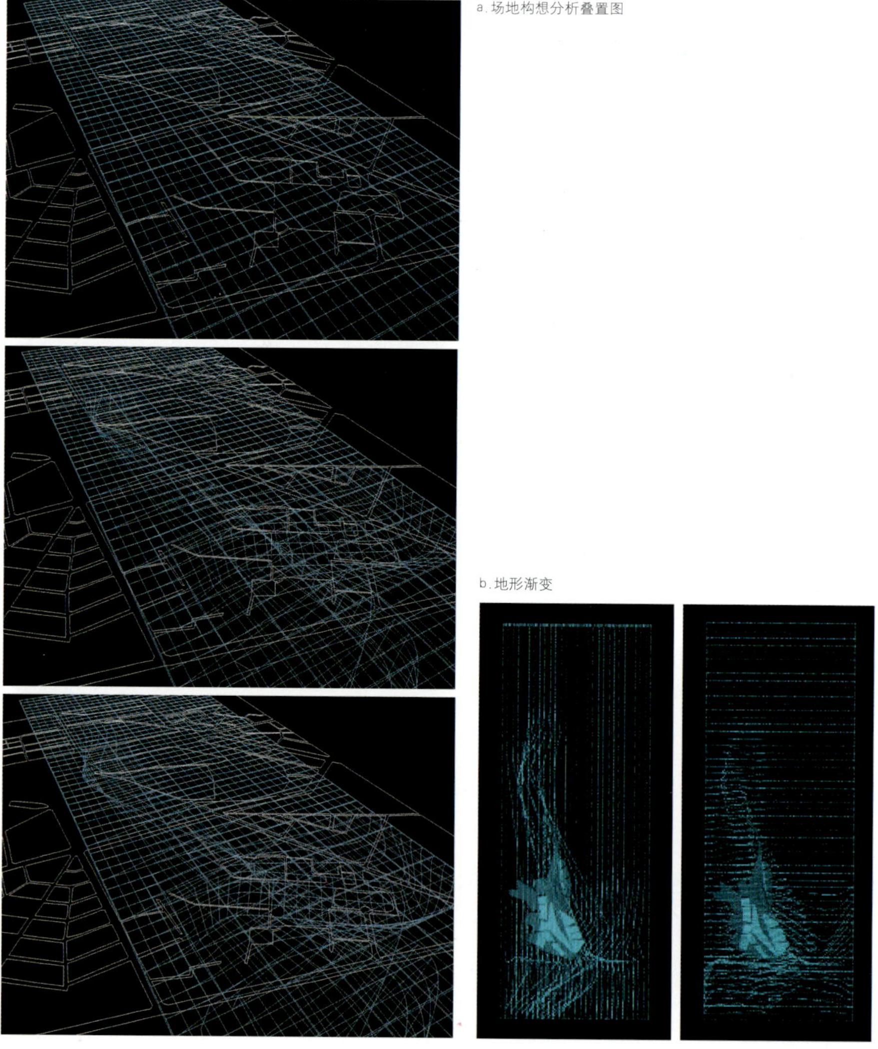

a. 场地构想分析叠置图

b. 地形渐变

爱宾艺术与科技博物馆（Greg Lynn）

Eyebeam Museum of Art and Technology

此建筑之设计形态来自于“Bleb”的概念，塑造类似疱疹的自由形体。建筑表皮的设计是由计算机软件 Maya 的指令与操作所取得，利用线的 Bleb 作用所产生的动态过程来得到此设计形体。如图 c 所示，Bleb 过程中，不同程度的线条扭曲状态及所对应的表皮形式。

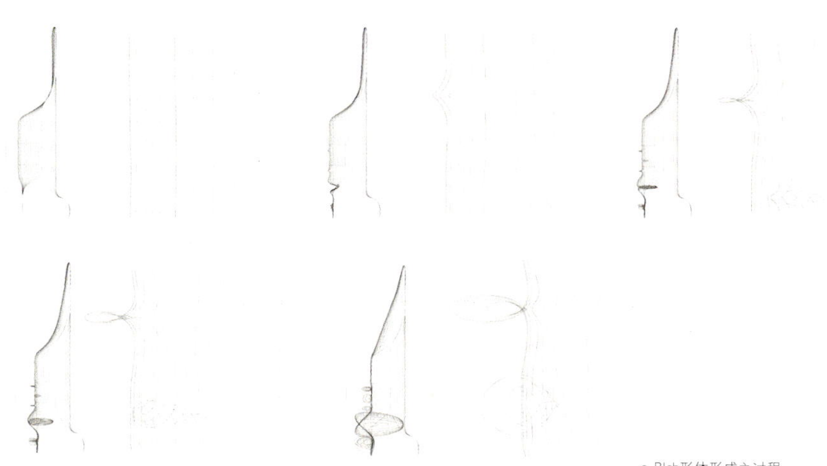

c.Bleb形体形成之过程

观察者——家庭包（MVRDV）

Observer: The family （of）wraps

观察者（Observer）的建筑形体是利用一系列的动态仿真过程而生成，利用不同机能组合的空间单元，来发想概念形体的各种可能性，且随着居住者需求和场地条件，空间单元可以被重新“洗牌”（shuffled）或“摇动”（shaken），使其在任何场域中，皆能达到最理想的组合模式。另外，借重组客厅周围的空间单元，以同一方向堆栈，营造出一种强大的集体姿态，而这样的重组行为，创造出巨大的观景窗（superwindow），保留了欣赏周围景致的空间。之后，再将这些由组合而成的空间单元，塞进一掀开的绿色地皮中，形成一层自由随意的建筑表皮，将建筑完美地融入于大地之中，如图 d 所示。

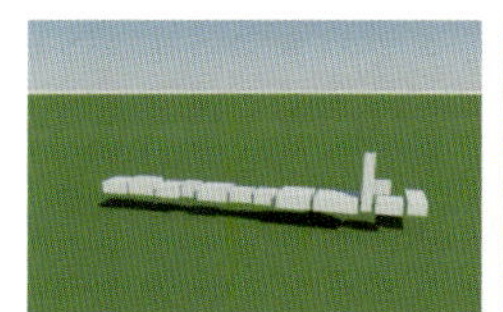

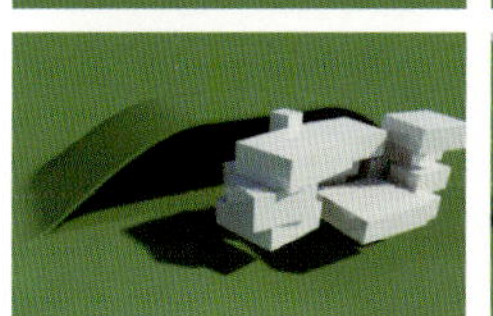

d.建筑形体形成之过程

台中古根海姆美术馆（Zaha Hadid）

Guggenheim Taichung

本设计案概念性地以建筑物与场地之间的动态关系来作为形体之塑造。建筑的整体形式缓缓地从温和的地表景观形态当中浮现出来，瘦长外形表现出动态力学（dynamism）和强烈的流动性（fluidity）。设计以流线型的畅通斜坡道作为呈现动感的动线设计，如图 e。

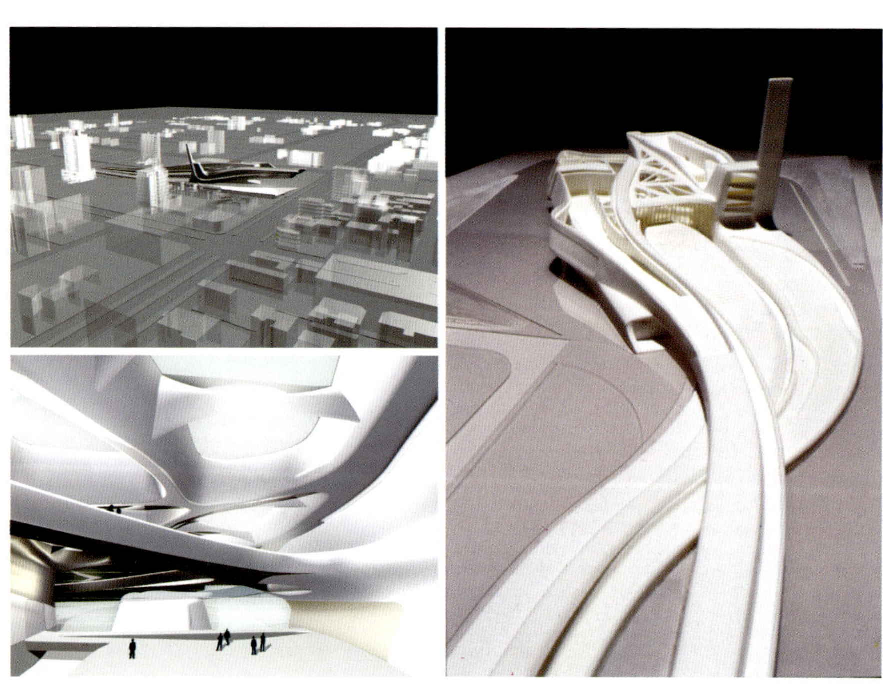

e. 设计形体与场地之间的动态关系

下代基因建筑艺术馆（Zaha Hadid）

Next-Gene Architecture Museum

本案在建筑的表面上，设计出一些镂空的孔状样式，并将这些不规则的孔洞整合至内部空间设计，随着时间的变化，可产生出光影变化的动态效果。而为了呈现空间及时间移动时，所产生的交互影响，本设计利用动态影像，见图 f，模拟出艺术馆内部的光影变化，让人们借此感受到时间的推移，并使感知扩展至外面的自然环境中。

f.室内光影的动态变化

水墨狂草 Calligraphic House（*Aleppo*ZONE）

设计概念来自于狂草的书写，建筑形体是由实体的2D书法书写而成，并直接使用数字媒材转换成3D的数字形体，见图g。其从场地周围的山陵线，到海湾的海岸线，最后挥洒在场地的等高在线，由土地线条汇集而成建筑线条。形体的产生主要操作数字动态仿真书法、地形等自由线条发展至曲面，最后再决定出最终的设计形体。

g.2D书法演变成3D形

大连电子深圳总部
Headquarter Office of GreatLink Corporation（*Aleppo*ZONE）

本案为了想要了解场地上设计主体中的整体光影效果，但由于复杂的建筑形体，无法直接从静态的图面中想象室内空间的光影变化，因此利用动态模拟的方式，来模拟一天之中，日照对建筑物所投射的阴影效果，以及在日落后，室内打灯的建筑表现方式，见图 h。最后，从这段仿真的动态影像中，来进一步探讨建筑立面遮阴与窗帘的形式。

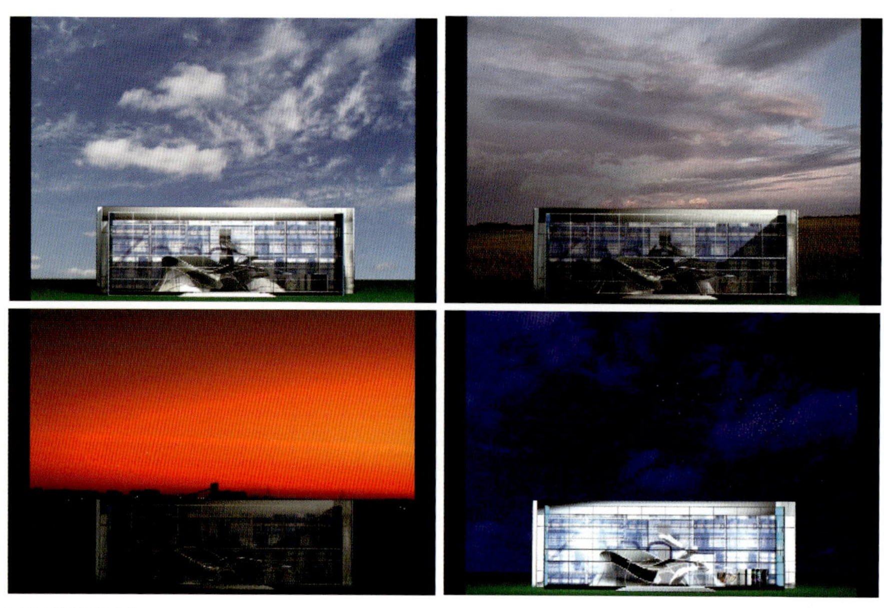

h.动画模拟日照效果

信息

新竹数字艺术馆（Peter Eisenman）
Hsinchu Museum of Digital Arts

设计概念以创造“实体艺术馆为主、数字复合城市延展”的新形态，建造具有启发数字都市发展的数字艺术馆。为了建立一个未来科技导向的数字文化艺术的网络，艺术馆利用多样性多媒体展示方式，包含录像带、影片、文字、声音、与互动图文，提供各种适当层次的呈现。因此信息传达成为重要设计要素，为了展现出空间实体与虚拟的结合及网际超空间展览的概念，建筑物的外墙与室内空间皆以信息作为主要材料应用，如图 a。

a. 设计外墙与室内空间以信息作为材料

爱宾艺术与科技博物馆（Greg Lynn）
Eyebeam Museum of Art and Technology

此建筑为一数字艺术与科技博物馆，信息呈现成为建筑师主要的表皮应用材料，利用建筑表层传达及提供信息。外墙为无数的电子玻璃板所构成，可以呈现 256 种灰色色阶，并且透过计算机系统的控制可显示信息，让建筑物立面传达动态的信息与影像。图 b 为设计师在尝试仿真不同信息呈现的建筑表皮效果。

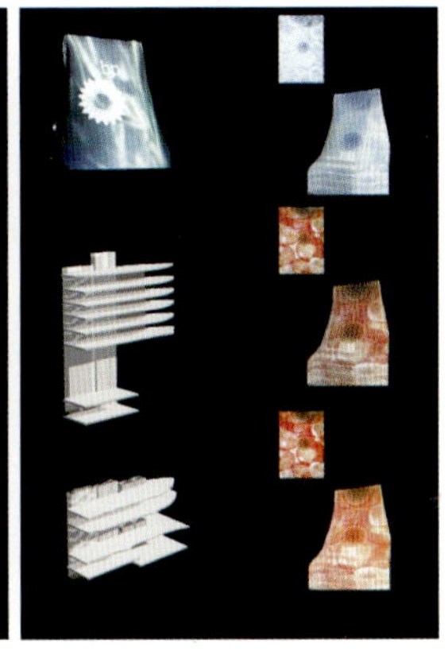

b. 呈现动态信息的外墙设计

媒体——银河系：爱宾办公大楼（MVRDV）

此为一栋呈现艺术与媒体结合之博物馆。建筑师以冲孔造型之外墙，借计算机控制百叶窗的开启与关闭，调整室内光线变化，营造出不同气氛的室内空间感。同时，建筑立面作为信息呈现的舞台，投影不同动态信息。室内内墙与地板以聚氨酯材料做成，目的是作为最佳投影信息的媒介，如图 c。

c. 建筑立面与室内的信息展示

水墨狂草 Calligraphic House（*Aleppo*ZONE）

本案的开窗设计运用了东方滚动条与西方光影的绘画形式，如图 d，把周围的建筑设计作品作为艺术收藏，使得建筑表面不只是传统的玻璃帷幕，而是包含一幅幅让人值得欣赏的艺术画作。画作的内容来自于附近的其他建筑作品，会因观赏者站立的角度不同，而会欣赏到不同的画作，且内容来自外在环境的不同变化，而会有丰富多变的信息呈现。

d.东方滚动条的信息呈现概念

大连电子深圳总部

Headquarter Office of GreatLink Corporation（*Aleppo*ZONE）

大连电子工业公司是一间生产计算机电缆的 OEM 公司，为了反映公司在数字化下的科技发展，因此在建筑形体的表皮应用上，将之作为数字信息传播的媒体接口，借以展示公司作品，如图 e；并在主要建筑物的正立面运用了多媒体和虚拟科技的影像，以捕捉所谓的电子链接（人造建筑物的电子链接）之设计概念，如图 f。

e. 呈现动态信息的外墙设计

f. 多媒体虚拟图像呈现

演化

东京地铁饭田桥站（渡边诚）
Subway Station / IIDABASHI（Makoto Sei Waranabe）

地下道之整体设计形体是由计算机自行演化而成（generate），建筑师把此概念称为"建筑种子"（the Architectural Seed）。主要设计过程是利用计算机人工智慧系统，自动生成设计形体，如图 a。场地条件与设计需求作为计算机自动生成系统的限制条件与规则（generating rule），系统会自行成长与组织出设计形体。图 b 为计算机自动生成之形体。

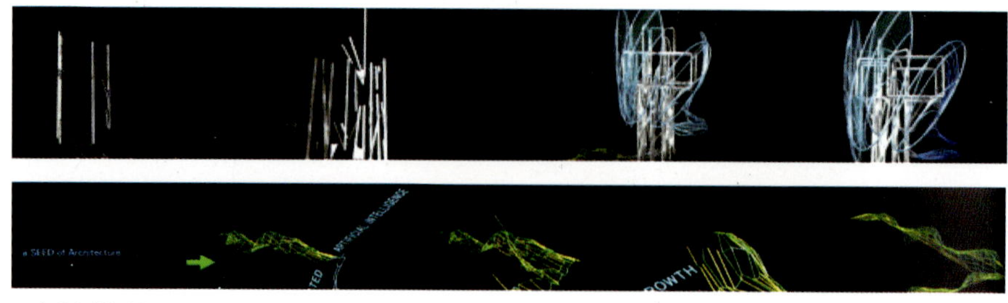
a. 自动生成的过程

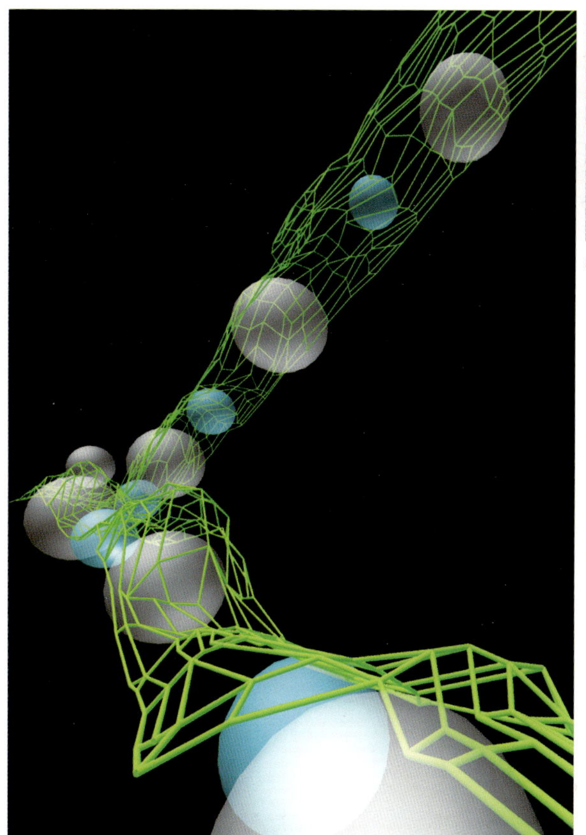

b.计算机自动生成之设计形体

场——边界状态（Birger Sevaldson / OCEANnorth）

AGORA: Boundary Conditions

AGORA 为一结合声音与建筑空间的装置，声音空间化为整个创作的架构构件之一。在形体创作过程中，开始由计算机软件仿真人行轨迹，而这些轨迹被设定为不相互碰撞，如图 c。在 2D 轨迹形成后，叠置于现场场地照片上，再转化为三维空间之装置，如图 c 至图 e。

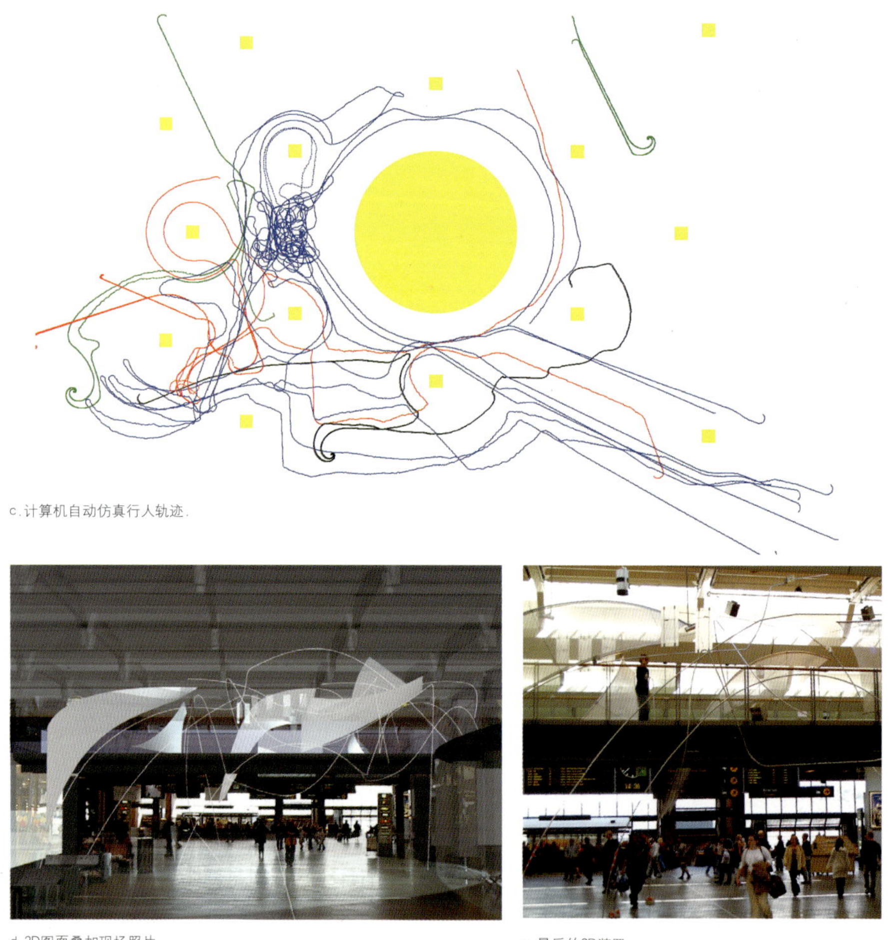

c. 计算机自动仿真行人轨迹.

d. 2D图面叠加现场照片.

e. 最后的3D装置

观察者——家庭包（MVRDV）

Observer: The family（of）wraps

"观察者"并无固定的建筑形体，其是依据不同的环境属性，演化出不同的单元排列方式，而因任意不同的组合，产生出各种可能的形体。也由于这种多样的组合模式，赋予了空间单元之间拥有其不同的个性，并同时保有一个强大的整体，营造出丰富的空间表情，如图 f。

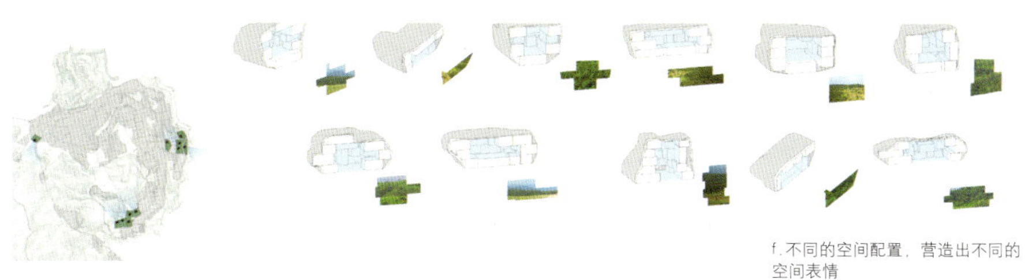

f. 不同的空间配置，营造出不同的空间表情

台中大都会歌剧院（伊东丰雄）
Taichung Metropolitan Opera House（Toyo Ito）

建筑形体的产生是从场地方格中，反复依循定出的规则，画出内部无限个方格子，背后并运用复杂的工程技术算法，随机的回转、动摇、曲折，在推动方形几何不断旋转的过程中，找出推演准则，并进一步成为结构元素，而此一结构元素便同时成为建筑皮层，见图 g。此由算法自行演化的设计形体，是一个在水平和垂直方向上都成连续性的网络，此连续而流动般的结构，摹画出一个各个方向都积极参与周围环境的开放性结构，因此，本案名为“声音的涵洞”(Sound Cave)。

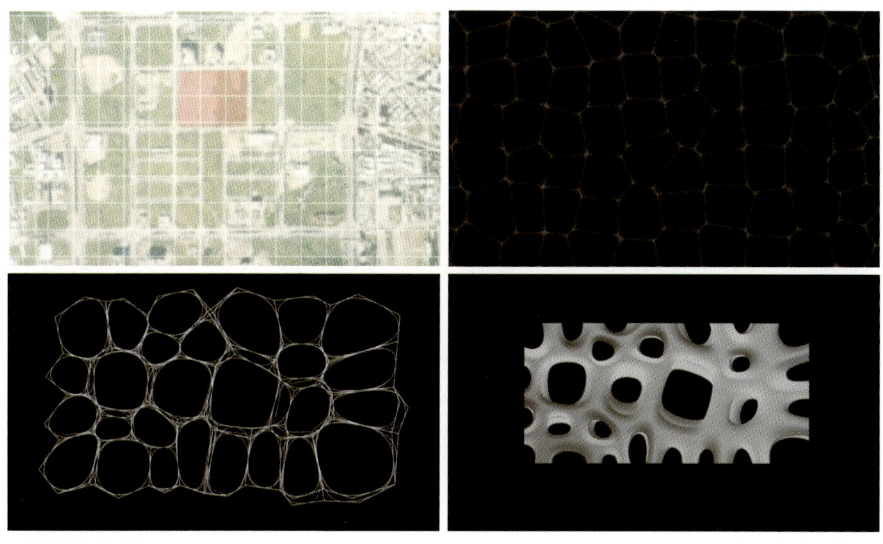

g. 建筑形体生成过程

台湾大学社科院新馆（伊东丰雄）

New College of Social Sciences， NTU（Toyo Ito）

本案之建筑结构来自于螺旋几何的概念，利用一系列规律的螺旋线生成，交叉演化出圆柱位置和顶棚的形态，见图 h 和图 i。此螺旋运算是使用一种名为“Voronoi”的演化程序计算产生；随着顶棚形态的自动生成，也自然地延伸至地坪设计，如图 i 所见，将建筑成功隐身至周围环境和自然之中。

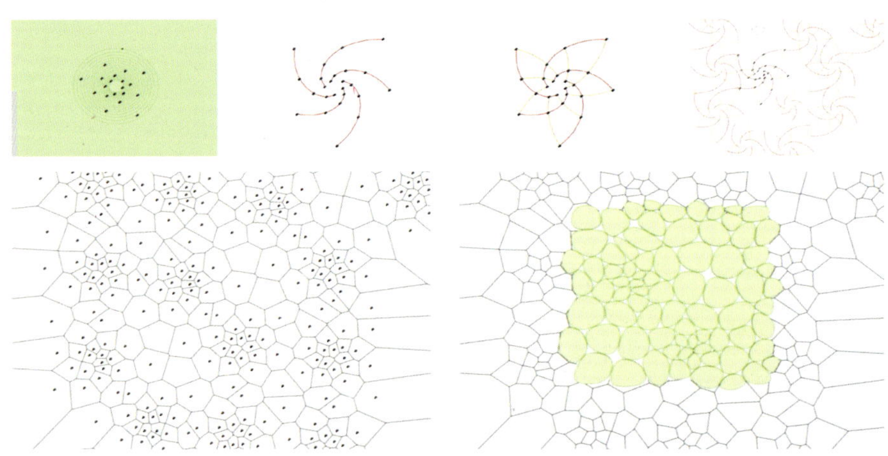

h. Voronoi 形态演化

i. 地板设计形态

大连电子深圳总部

Headquarter Office of GreatLink Corporation（*Aleppo*ZONE）

本设计案中的大厅室内顶棚设计，是由 3D 计算机软件—“MAYA”中的力学原理之仿真，所创造出来的有趣形体。设计师为了寻求与自由形体主体搭配的顶棚设计，因此将不同外力的参数输入，计算机会自动演算，而平板会因为不同外力的挤压而产生不同程度的高低变形。而在此演化过程中，会得到多种不同的形体，设计师再从中选取有趣而适当的形体，作为顶棚的设计，如图 j。

j.形体演化过程

建筑农场（平田晃久）

Architecture Farm（Akihisa Hirata）

本案概念初始，企图创造出建筑世界外，也属于大自然与有机世界的作品，因而考虑建筑的形成也应如同大自然的生成原理般，能在有限的空间中，打造出人类的“安居堡垒”。设计师采用“皱褶”的原理，尝试用培育植物的方式来创造建筑物，并以谱系演化树（genealogical tree）的方式创造出不同的住宅形态，见图 k。同时配合场地条件，添加一些可变化的元素，塑造出类似建筑农场（architecture farm）的景象。

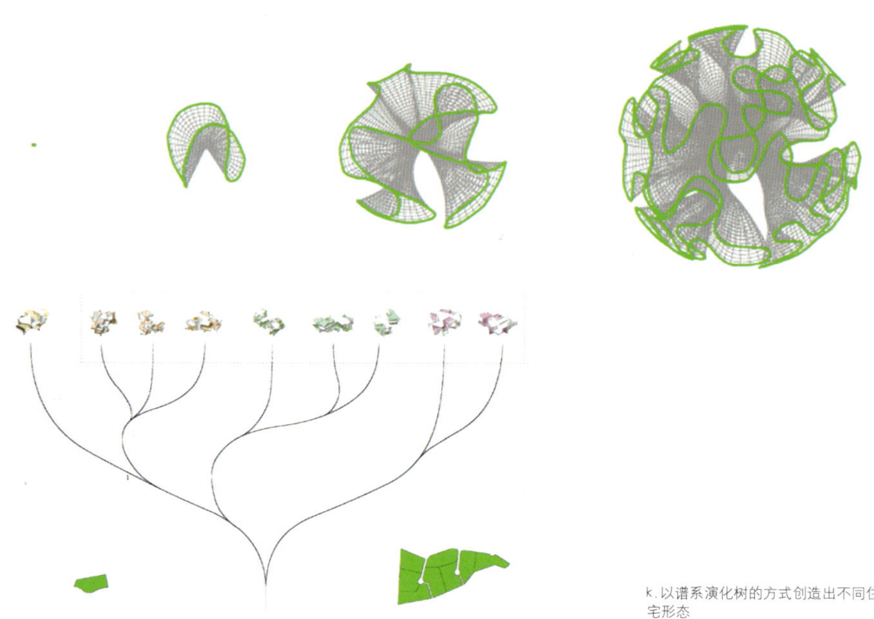

k. 以谱系演化树的方式创造出不同住宅形态

制造

爱宾艺术与科技博物馆（Greg Lynn）

Eyebeam Museum of Art and Technology

此为一栋没有柱子的特殊体量结构，主要以特殊的外墙结构及楼板来支撑。建筑师透过运用 CAD/CAM 技术，以快速成型输出计算机所建立的外墙结构模型，来探讨外墙结构之构成方式。图 a 为帷幕外墙结构的研究模型。

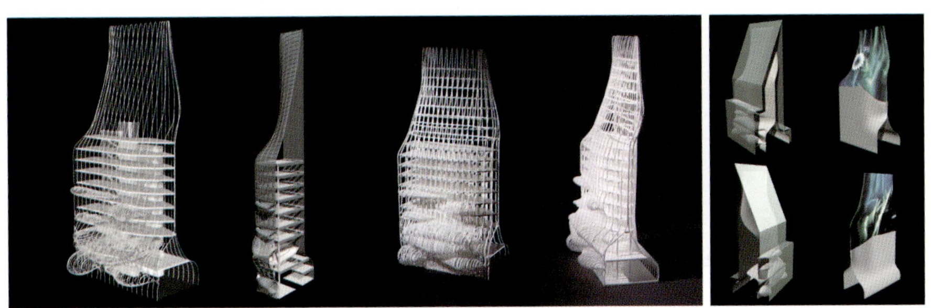

a. 帷幕外墙结构的研究模型

圣高伦艺术博物馆（Greg Lynn）
St. Gallen Kunstmuseum

对于形体复杂的设计，施工及结构方式成为重要的设计因子。设计过程中，建筑师在形体确认后，开始从3D计算机模型中分割出面与骨架之间的关系。图b为对于设计形体所分割出的结构（structure）、表皮（skin）、格子（lattice）之构成模型。

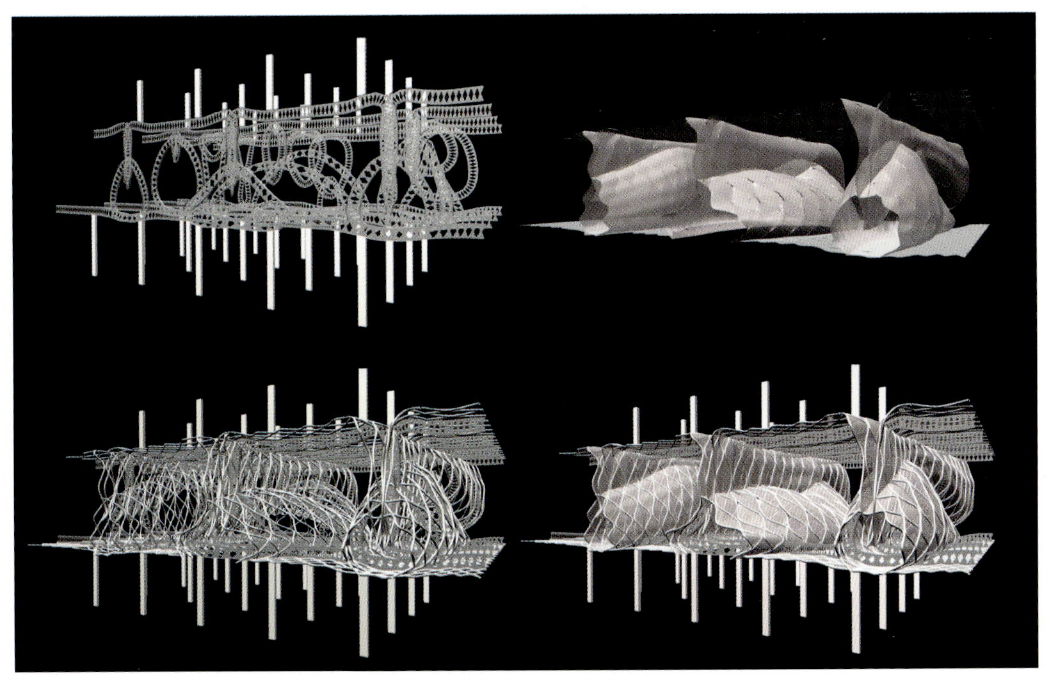

b. 设计形体之结构、表皮、格子之构成模型

东京地铁饭田桥站（渡边诚）

Subway Station / IIDABASHI（Makoto Sei Waranabe）

地下道的整体设计由人工智能系统生成后，可以直接将计算机形体之数据资料输出至 Laser Stereogram 来制作模型，如图 c，再到制作工厂输出成精准及可组装的构件，如图 d，最后才把这些构件运到施工现场组合。

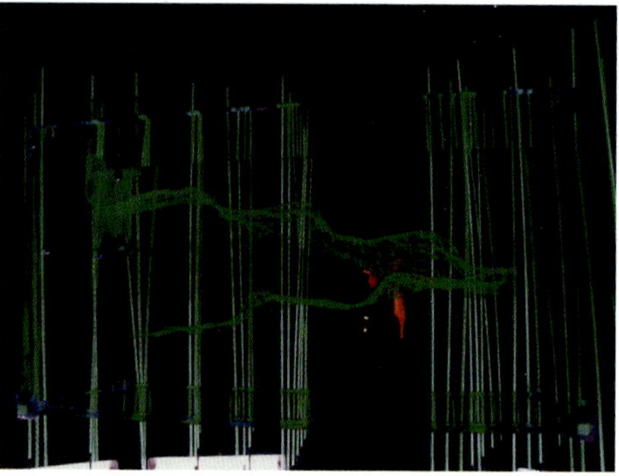

c.RP输出模型I

d.工厂输出之组装构件

新奔驰博物馆（UN Studio van Berkel & Bos）

New Mercedes Benz Museum

本案建筑为一个双螺旋的结构，此几何形体是依据三叶草的组织而生，在三角形的空隙周围，以垂直方向旋转成六块水平的展示台。而为了精准建构此流畅的表面，在设计初期，运用计算机参数式设计，以最低的成本来达到最佳的可行性，上百张的平面图及剖面图，是从 3D 数字数据中自动产生，如图 e；而在本案建造前，设计师为要了解此复杂的空间感及其流动关系，利用快速成型机制作小型模型，见图 f。且由于本设计是复杂的几何曲面，建筑表面需要被大量分割来分析，如建筑表皮的玻璃处理，需要在计算机 3D 软件中，将不同角度的玻璃表皮摊平，切割成每片大小、形状皆不同的平面，以便能在实体建造过程中，正确呈现出曲面的流畅线条。

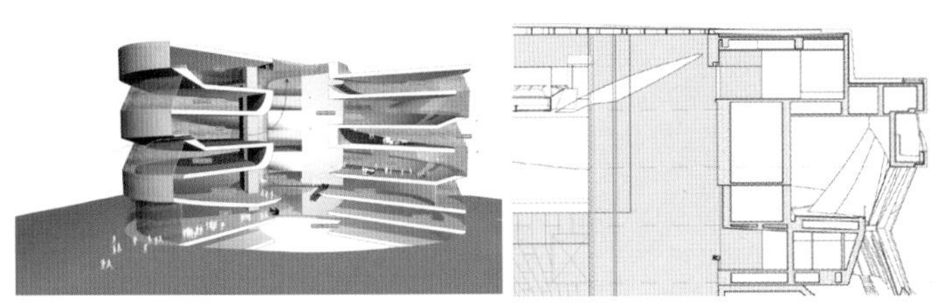

e.设计初期之数字设计画面

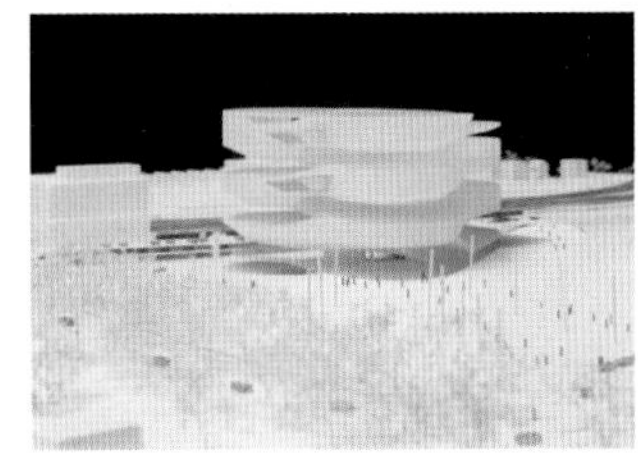

f.RP模型

下代基因建筑艺术馆（Zaha Hadid）

Next-Gene Architecture Museum

此建筑外形设计强调与周围的景观和当地的自然地形融为一体，因此创造出不规则的建筑形态，而为了完整呈现出连接室外至室内整体流畅的动线系统，运用了快速成型技术来制作设计模型，以具体展现其流畅的建筑线条，如图 h。

h.RP模型

台中大都会歌剧院（伊东丰雄）

Taichung Metropolitan Opera House（Toyo Ito）

本案在设计过程中，除了利用快速成型技术来制作许多小型的初期模型，如图 i，以不断了解并修正此高度复杂的结构；而在设计后期，更制作了一个可容纳半个人的大型模型，此大比例的模型是由 CNC milling 技术，分多组单元制作后，再接合成一个整体，主要为了研究设计形体、空间感以及结构等问题，见图 j。且在组装过程，每单元之间的结构补强，是由设计师们自行安装完成。

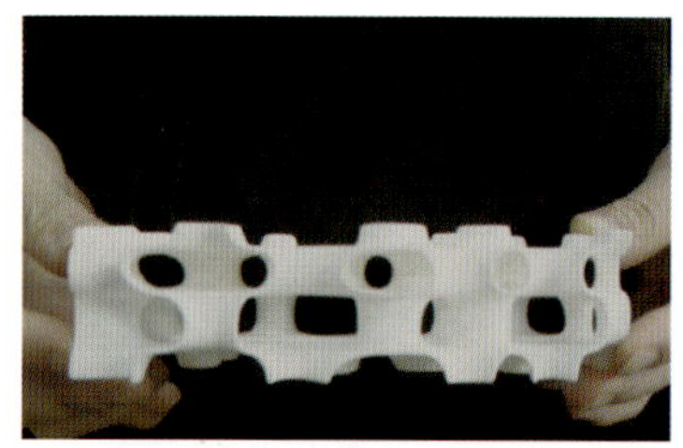

i. RP模型

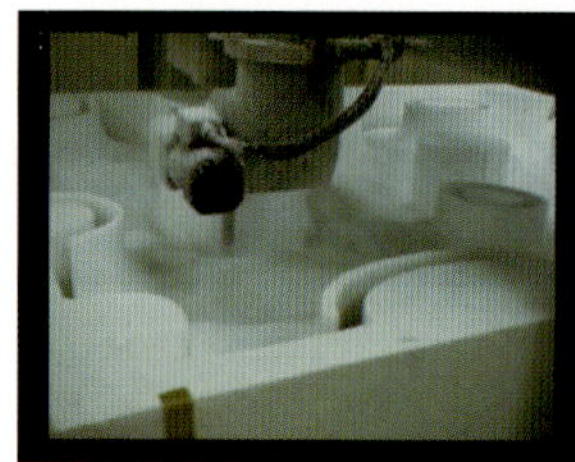

j. CNC模型制作

水墨狂草 Calligraphic House（*Aleppo*ZONE）

由于建筑形体是为复杂的曲面结构，因此在设计发展过程中，利用计算机建立数字形体，并使用快速成型技术输出概念模型，来探讨设计表面的曲面变化，见图 k；而在结构分析上，则使用激光切割机，制作等距 1 米剖面的骨架分析模型，见图 l，以精确呈现出复杂的结构关系。另外，图 m 中，其多变的地形关系，为了能准确与建筑体量接合，是利用计算机中的数字地形数据，直接以 CNC 输出制作而成。

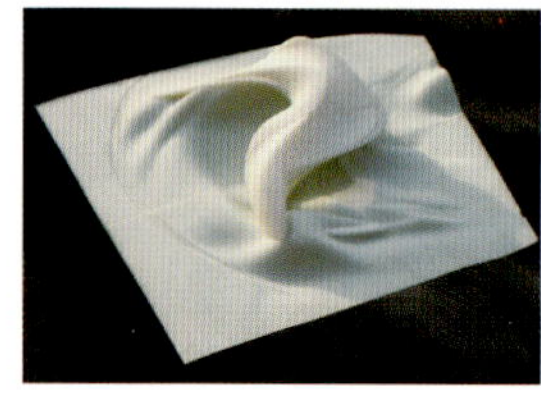

k. RP模型

l. 骨架模型

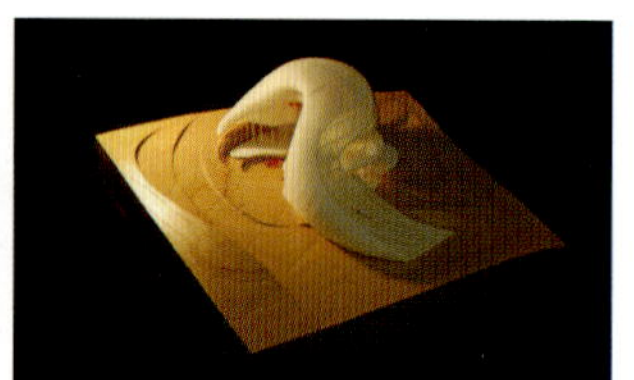

m. 建筑模型精确接合于地形上

大连电子深圳总部

Headquarter Office of GreatLink Corporation （*Aleppo*ZONE）

本案在概念设计初期时，已经大量利用 CAD/CAM 技术辅助设计模型的制作，如图 n 使用快速成型技术分段制作 1：50 的 RP 模型，再接合成一完整的形体，此为探讨自由形体的整体空间关系及 3D 骨架的呈现效果。图 o 则是利用激光切割机来制作比例 1：8 的局部模型，主要研究建筑形体局部复杂之结构及可能的制作方式。最后，在实际施工过程中，金属骨架及表皮主要以激光切割输出单元，而 3D 曲线等较为复杂的结构支撑骨架，则由滚弯机来制作；当这些组件切割及制作完成后，先在工厂进行预组装，经过组装测试完毕之后，再把组件拆解下来，运送至现场真正施工，见图 p。

n.RP模型

o.局部模型

p.预组装与现场组装

5. 迈向新建构
Towards New Tectonics

明日建筑（Architecture of Tomorrow）

处在 21 世纪数字时代初期的我们，一再被各种数据提醒着两件事，一方面是人类的生态环境已快撑不住，需要大家全面觉醒并刻不容缓着手保护自然，才能让我们能有一个恒久不变的生存空间；另一方面则是人类数字科技发展一日千里，而今又更加速地全面融入文化艺术与日常生活，所谓“无所不在的运算”已然成形，大家可以预期一个酷似电影关键报告中巨变的未来生活。21 世纪初期的我们，既要变也要恒久不变。

建筑界为了探索这个在人类文明中少有的关键时刻，近 10 年来独领全球设计风骚的纽约哥伦比亚大学建筑与规划学院，2003 年在院长 Bernard Tschumi 的策划下，一口气邀请了包含历届普里兹克建筑奖与威尼斯建筑双年展终身成就奖得主在内的 56 位国际建筑精英，针对 21 世纪初期建筑与美学、都市、政治、社会、全球化、构造、材料、人体、感官、数字等等议题提出展望。我们很明显看出，许多正在探索未来的建筑设计思想家们，经由他们的创作不断透露，建筑必然会愈来愈往二极化发展，生态系统与数字信息、不变与巨变、永恒与瞬间，将会是明日建筑的主要风貌。

建筑虽是艺术的一环，但由于各个时代工艺与科技的限制，无法像艺术创作一样自由挥洒，然而，如何使建筑作品在重重困难中拥有更好的纯艺术性，就成为各时代的建筑师必须突破的关键要素之一。我们熟知的弗兰克 · 盖里（Frank Gehry）从 1990 年起，利用数字科技所拥有天马行空的设计与制造精确性，尤其以 1997 年完成的西班牙毕尔巴鄂古根海姆博物馆为代表，做到了数字建筑的纯艺术性。然而，盖里的艺术性是形体复杂的、高科技的、因而高门槛的、比较难普及的纯艺术（图 5–1）。在这样的时空下，数字建筑作品提供了另一种机会，以极简单的线条与空间，并仅以低科技就可建造（不需数字科技的传统营造法），就能达成低门槛、比较容易普及的纯艺术。因而，建筑对纯艺术性的追求，盖里带动了数字的、高科技的复杂形式，伊东丰雄等人则示范了手工的、低门槛的简单形式（图 5–2）。

趋近纯艺术而自由流畅的空间，同时也提供了另一种明日世界的重要功能。人类在数字时代的生活机能，为了响应网络与信息极度扩张与瞬息万变，由原有单一、直接、循序渐进（linear）为主的思维模式，逐渐转变为复合（hybrid）、多重（multi–layer）、多向连接（hyper–link）的思考。因此，数字建筑空间随时随地自由流畅的空间，而非精确不变的建筑盒子，更能达到每个设计案当地的（在地性）都市空间、建筑需求与当地工法的复合性、多重性、及多向连接性，这些特性也就是数字信息世界中所称的“非线性”（non–linear）。明日的建筑将在生态、数字、纯艺术与非线性的多重中反复思考。

5-1.迪斯尼音乐厅（Walt Disney Concert Hall），弗兰克·盖里（Frank Gehry），洛杉矶，1989-2003。

5-2."转转"中央公园（"Grin-Grin" Central Park），伊东丰雄（Toyo Ito），福冈，2002-2005。

新建构（New Tectonics）

建筑理论随着时间而一再演变，建构理论（tectonics theories）也随之发展，反映出人类文明与各学科的理论发展——包括哲学、美学、历史、物理学、社会学、经济学、政治学、文化研究、科学、心理学、设计方法、认知科学、计算机科学等。数字科技已为建筑师带来新的解放，形体、概念、材料（图 5-3）、甚至是设计媒材和设计本身之间的关系（图 5-4 至图 5-6），都已到了一个划时代的阶段，在这样的新思维下，建筑的元素与建构过程已相当不同于我们从前所认知的建筑了（图 5-7）。建筑不只包含连接（joint）、细部（detail）、材料（material）、物件（object）、结构（structure）、构造（construction）、互动（interaction）等 7 个古典建构元素，同时也包含动态（motion）、信息（information）、演化（generation）、制造（fabrication）等 4 个新的数字建构元素。

5-3.Prada东京总部，Herzog & de.Meuron，东京，2000-2004。

一个新的建构理论正在浮现。

古典建构理论从 18 世纪中期发展至 20 世纪末，要在这丰富而又精辟的论述中增加新要素，是一件十分严肃的工作，显然，本书仍受限于许多分析方法。如我们先前多次提到，本书收录的许多案例，尚未提供足够的图文数据进行分析，因此本研究所提出的数字现象与数字因子，未来应该以更有系统、更直观、甚至与设计者更互动的研究方法，对本书的结论再检验一次。

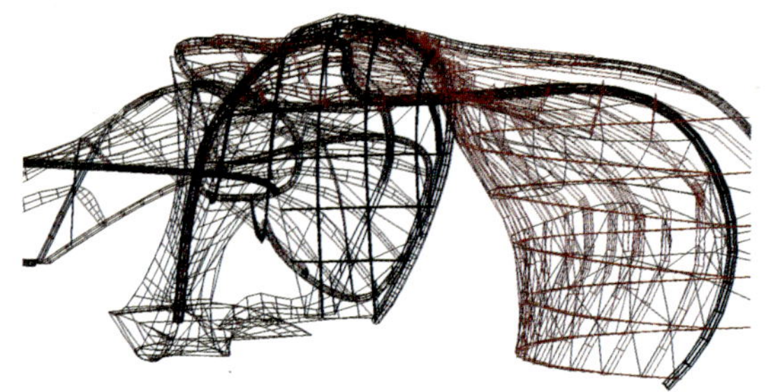

5-4.狂草建筑，台北市立美术馆明日建筑展，刘育东、林楚卿，2007。

5-5.狂草建筑。

5-6.狂草建筑。

5-7.马格玛艺术与会议中心（Magma Art and Congresses），Fernando Menis，Santa Cruz de Tenerife，1998-2005。

再者，这些案例分析也说明了两组建构因子的某种一致性——材料与信息（material and information）、构造与制造（construction and fabrication）、互动与动态／演化（interaction and motion/generation）。最后，目前数字设计的类型有很多种，一方面是实体的（physical）、虚拟的（virtual）以及虚实混合（hybrids）的建筑，另一方面则是已建的（built）、未建的（unbuilt）、与无法建造（unbuildable）的建筑，在某种意义上来说，这些设计标准与目标，在建筑设计与建造过程中，强烈影响了建构思考与策略。然而，当前所选择的案例素材，尚无法触及建构实体性与虚拟性（tectonics physicality and virtuality）的重要观念，这方面需要在未来研究中继续探讨。

启发设计创造力（Implications to Design Creativity）

以设计思考的角度上看来，设计创造力的定义、机制和过程，一直被视为神秘而不可触及的研究，但尽管如此，在设计认知与运算领域中，创造力仍旧是一个受到相当关注的议题。许多研究企图从设计者的创意行为去了解其认知过程，并讨论计算机能否具备能强化设计创造力的模拟能力。近年来，我们也开始了解到，在既有的惯性行为中追求变化，是增进创造力的关键时刻（Hofstadter，1985）。一方面，从不同观点给予变化的策略，例如打破既有的知识界限（Gero，1996；Sosa and Gero，2004）、寻找新问题而非解决现存问题（Csikszentmihalyi，1988；Simon，1988）、多想些一开始没有想到的点子（Liu，2002b）、甚至要打破僵化的“生手、专家、进而创新”的教育训练过程（Garner，1988；Huang，2004）。另一方面，创造力也属于个人和社会文化思考层次的内在互动关系（Csikszentmihalyi，1996），因此，除了个人创造力之外，在社会文化发展脉络中，追求领域知识（domain knowledge）的变化，也是另一个追求创造力的重要方向（Liu，2000）。

数字科技不只是设计工具，也是一种设计媒材（design media），数字科技能够使设计者和当时所处的社会文化，在个人与集体的设计思考过程中，产生不可预期的想法（Mitchell，2003；Liu，2003b；Liu，2005）。当我们相信数字时代更将剧烈改变当前这个设计世界时，我们不禁要问，数字媒材还能为设计创造力带来什么刺激。然而，根据本书所说明的古典和数字建构因子，这个新建构架构对未来追求设计创造力，将提出一种可能性。本书的建构分析，将能被运用在建筑设计中有关个人的思考行为和社会文化的思考，因此，本书所勾勒的建构因子与架构，将与创造性思考的元素和过程息息相关。也因为数字科技的突破，新建构因子，必将激发出创造建筑知识的新方法，而这新思维方法，也必将激发出种种新的未知的可能性。如此一来，“发现问题”进而“解决问题”的传统步骤，以及“生手、专家、进而创新”的传统训练过程，都可能出现新的契机，本书所提出的新建构，也将有机会将个人和社会文化的建筑领域知识，再重新定义一次。

附录
Appendix

参考书目

Ali, A. and **C. Brebbia.** *Digital Architecture and Construction.* Billerica MA: WIT Press, 2006.

Bell, B. and **A. Vrana.** "Digital Tectonics: structural patterning of surface morphology." *ACADIA Surface and Form Generation* (2004): 186-201.

Bernal, M. and **P. Taylor.** "Conocimientos locales Local Know How." *SIGraDi* (2007): 285-289.

Bos, P. and **B. D. Vries.** "A digital architectural design environment spatial awareness and the linkage of 2D and 3D design content." *Tectonics Making Meaning Conference*, Eindhoven University of Technology, 2007.

Botticher, K. *The Tectonics of the Hellenes.* Postdam, 1852.

Cache, B. "Gottfried Semper: stereotomy, biology and geometry." *Architectural Design*, Vol. 72: 28-33, 2002.

Cook, M. "Digital tectonics: historical perspective - future prospect." In *Digital Tectonics*, edited by N. Leach et al., 40-49. Chichester: Wiley-Academy, 2004.

Csikszentmihalyi, M. "Society, culture, and person: A systems view of creativity." In *The Nature of Creativity*, edited by R. J. Sternberg, 325-339. Cambridge: Cambridge University Press, 1988.

Csikszentmihalyi, M. *Creativity: Flow and the Psychology of Discovery and Invention.* New York: Harper Collins, 1996.

De Luca, F. and **M. Nardini.** *Behind the Scene: Avant-garde Techniques in Contemporary Design.* Basel: Birkhäuser Verlag, 2002.

Deplazes, A., ed. *Constructing Architecture: Materials, Processes, Structures.* Basel: Birkhäuser Verlag, 2008.

Fang, L. and **Q. Zhou.** "Digital Tectonics in Shape Finding of Spatial Structures." *CAADRIA* (2007): 543-548.

Frampton, K. "Rappel a l'ordre: the case for the tectonic." *Architectural Design*, Vol. 60: 19-25, 1990.

Frampton, K. *Studies in Tectonic Culture*. Cambridge MA: MIT Press, 1995.

Frascari, M. "Tell-the-tale detail." In *Theorizing a New Agenda for Architecture: An Anthology of Architecture theory 1965-1995,* edited by K. Nesbitt, 498-515. New York: Princeton Architectural Press, 1983.

Gao, W. P. "Tectonics? A case study for digital free-form architecture." *Proceedings of Computer Aided Architectural Design Research in Asia* (2004): 519-534. Seoul: Yonsei University Press, 2004.

Gardner, H. "Creative lives and creative works: A synthetic scientific approach." *In The Nature of Creativity*, edited by R. J. Sternberg, 298-321. Cambridge: Cambridge University Press, 1988.

Gero, J. S. "Creativity, emergence and evolution in design." *Knowledge-Based Systems*, Vol. 9: 435-448, 1996.

Gregotti, V. "The exercise of detailing." In Theorizing a New Agenda for Architecture: *An Anthology of Architecture theory 1965-1995*, edited by K. Nesbitt, 494-497. New York: Princeton Architectural Press, 1983.

Ham, J. J. "The computer as a tectonic design tool: comparisons between virtual and actual construction." In Proceedings of Education and research in Computer Aided Architectural Design in Europe (2003): 265-268.

Harbison, R. *The Built, the Unbuilt, and the Unbuildable: In Pursuit of Architectural Meaning.* Cambridge MA: The MIT Press, 1993.

Hofstadter, D. R. *Metamagical Themas: Questing for the essence of mind and pattern.* New York: Basic Books, 1985.

Huang, Y. H. "Toward a new creative cognitional/computational model." *PhD Thesis Proposal.* Taiwan: NCTU,

2004.

Huijben, F. and **V. H. Herwijnen.** "Vacuumatics; shaping space by "freezing" the geometry of structures." *Tectonics Making Meaning Conference.* Eindhoven University of Technology, 2007.

Kloft, H. "Structural engineering in the digital age." In *Digital Real, Blobmeister: First Built Projects,* edited by P. C. Schmal, 198-205. Basel: Birkhäuser Verlag, 2001.

Kolarevic, B. "Digital architectures, eternity, infinity and virtuality in architecture." In *Proceedings of The Association for Computer Aided Design in Architecture,* 251-256. Washington D.C., 2000

Land, P. "The shape of things to come: new priorities, means and forms." *Tectonics Making Meaning Conference.* Eindhoven University of Technology, 2007.

Laugier, M. A. *Essay on Architecture.* Santa Monica: Hennessey and Ingalls, 1753.

Leach, N. "Swarm tectonics." In *Digital tectonics, edited by* N Leach, et al, 70-77. Chichester: Wiley-Academy, 2004.

Lim, C. K. "Digital CAD/CAM media realize Chinese Calligraphic aesthetics in architectural design. " In *Proceedings of Computer Aided Architectural Design in Asia (CAADRIA 2009)*, 225-234. Yunlin, Taiwan, 2009.

Lim, C. K. "From concept to realization." In *Proceedings of Association for Computer Aided Design in Architecture (ACADIA 2006)*, 386-391. Louisville, Kentucky, 2006.

Lim, C. K. "Towards a framework for digital design process: In terms of CAD/CAM fabrication." In *Proceedings of Computer Aided Architectural Design in Asia (CAADRIA 2006)*, 245-252. Kumamoto, Japan, 2006.

Lim, C. K. and **Y. T. Liu.** "New tectonics: new factors in digital spaces." In *Proceedings of Computer Aided Architectural Design in Asia (CAADRIA 2005)*, 45-59. New Delhi, India, 2005.

Lim, C. K. "A Revolution of the Design Process." In *Proceedings of Computer Aided Architectural Design in Asia (CAADRIA 2004)*, 571-583. Soul, Korea, 2004.

Liu, Y. T. "Creativity or novelty? A model of design creativity and its implications to computer." *Design Studies,* Vol. 21: 261-276, 2000.

Liu, Y. T., ed. *Defining Digital Architecture: 2000 Feidad Award.* Taipei: Dialogue, 2001a.

Liu, Y. T. "Digital architecture? Digitality of architecture." In *Defining Digital Architecture: 2000 Feidad Award,* edited by Y. T. Liu, 6-22. Taipei: Dialogue, 2001b.

Liu, Y. T., ed. *Defining Digital Architecture: 2001 Feidad Award.* Basel: Birkhäuser Verlag, 2002a.

Liu, Y. T. "Conversations with Peter Eisenman, Greg Lynn and William Mitchell." In Defining Digital *Architecture: 2001 Feidad Award*, edited by Y. T. Liu, 18-25. Basel: Birkhäuser Verlag, 2002b.

Liu, Y. T., ed. *Developing Digital Architecture: 2002 Feidad Award*. Basel: Birkhäuser Verlag, 2003a.

Liu, Y. T. "Digital creativity: Conversations with Makoto Watanabe." In *Developing Digital Architecture: 2002 Feidad Award*, edited by Y. T. Liu, 38-39. Basel: Birkhäuser Verlag, 2003b.

Liu, Y. T., ed. *Diversifying Digital Architecture: 2003 Feidad Award.* Basel: Birkhäuser Verlag, 2004.

Liu, Y. T., ed. *Demonstrating Digital Architecture: 5th Feidad Award*. Basel: Birkhäuser Verlag, 2005a.

Liu, Y. T. "Digital creativity: Conversations with Birger Sevaldson/ OCEANnorth." In *Demonstrating Digital*

Architecture: 2004 Feidad Award, edited by Y. T. Liu, 45-48. Basel: Birkhäuser Verlag, 2005b.

Liu, Y. T., ed. *Distinguishing Digital Architecture: 6th Feidad Award*. Basel: Birkhäuser Verlag, 2007.

Liu, Y. T. and **C. K. Lim.** "New Tectonics: A preliminary framework involving classic and digital thinking." *Design Studies* Vol. 27: 267-307, 2006.

Markejevaite, L. "Training of tectonic skills in architectural studies." *Tectonics Making Meaning Conference,* Eindhoven University of Technology, 2007.

Mitchell, W. J. "Antitectonics: the poetics of virtuality." In *The Virtual Dimension: Architecture, Representation and Crash Culture*, edited by J. Beckmann, 205-217. New York: Princeton Architectural Press, 1998.

Mitchell, W J., A. S. Inouye and **M. S. Blumenthal.** *Beyond Productivity: Information Technology, Innovation, and Creativity.* Washington DC: The National Academies Press, 2003.

Moneo, R. "The idea of lasting: a conversation with Rafael Moneo." *Perspecta*, Vol. 24: 146-157, 1988.

Mori, T. *Textile/Tectonic: Architecture, Material, and Fabrication.* George Braziller Press, 2005.

Nilsson, F. "New technology, new tectonics? on architectural and structural expressions with digital tools." *Tectonics Making Meaning Conference*, Eindhoven University of Technology, 2007.

Pronk, A., **T. Bullens** and **T. Folmer.** "A feasible way to make freeform shell structures." *Tectonics Making Meaning Conference*, Eindhoven University of Technology, 2007.

Reffat , R. M. "Computing in Architectural Design: Reflections and an Approach to New Generations of CAAD." *Electronic Journal of Information Technology in Construction*, Vol. 11: 655-668, 2006.

Ruby, A. "Architecture in the age of digital producibility." In *Digital Real, Blobmeister: First Built Projects*, edited by P. C. Schmal, 206-211. Basel: Birkhäuser Verlag, 2001.

Schmidt, A. "Digital Tectonic Tools." *23rd eCAADe* (2005): 1-8.

Sekler, E. F. "Structure, construction, tectonics." In *Structure in Art and in Science*, edited by G. Kepes, 89-95. New York: George Braziller, 1965.

Semper, G. *The Four Elements of Architecture and Other Writings.* New York: Cambridge University Press, 1951.

Simon H. A. "Creativity and motivation." *New Ideas in Psychology*, Vol. 6: 177-181, 1988.

Sosa, R. and **J. S. Gero.** "Diffusion of creative design: Gatekeeping effects." *International Journal of Architectural Computing*, Vol. 2: 518-531, 2004.

Spuybroek, L. "Textile tectonics." In *The State of Architecture at the Beginning of the 21st Century*, edited by B. Tschumi and I. Cheng, 102-103. New York: The Monacelli Press, 2003.

Vallhonrat, C. "Tectonics considered: between the presence and the absence of artifice." *Perspecta*, Vol. 24: 122-135, 1988.

Vanggaard, O. and **E. Pontoppidan.** "Digital tectonics." *Tectonics Making Meaning Conference*, Eindhoven University of Technology, 2007.

英文索引

中文索引

图片版权

第 1 章

图 1−12， 1−13：Fredy Massad；图 1−15：张基义；图 1−17：Zaha Hadid.

第 2、3、4 章

瞬间的自我 /Adrien Raoul， Remi Feghali， Hyoungjin CHO；宙斯之盾——超表面 /dECOi architects（Mark Goulthorpe）；动态形体——BMW 法兰克福汽车展场 / Bernhard Franken；荷兰后农业 /Achim Menges；起飞——慕尼黑机场第二循环 · 空间大楼空间装置 /Bernhard Franken；巴黎米兰艺廊 /dECOi architects（Mark Goulthorpe）；循环 · 空间——2012 奥林匹克运动会展示馆/ BASE4（Simone Contasta，Andres Flores，Elena Bertarelli，Bidisha Sinha）；编码、爱欲和工艺 /Evan Douglis；Reebok 上海旗舰店 /Ali Rahim，Hina Jamelle；多向度受压结构 /Guillem Baraut，Mattia Gambardella；城市大厅 /MRGD（Melike Altinisik，Samer Chamoun，Daniel Widrig）；流体墙 /Greg Lynn，Emmanuelle Bourlier，Andreas Froech，Christian Mitman；繁花艳开——建筑拓扑几何 /Brenna Buck，Rob Henderson；互动环境 · 分散计算 · 数字制造 /Philip Beesley，Robert Gorbet；新媒体学校——学校的形态生成 / 长友大辅、詹明旎（Daisuke Nagatomo，Minie Jan）；新竹数字艺术馆 /Peter Eisenman；爱宾艺术与科技博物馆 /Greg Lynn；圣高伦艺术博物馆 /Greg Lynn；东京地铁饭田桥站 / 渡边诚（Makoto Sei Watanabe）；场——边界状态 / Birger Sevaldson；新奔驰博物馆 /UN Studio van Berkel & Bos；媒体——银河系 /MVRDV；观察者——家庭包 /MVRDV；台中古根海姆美术馆 /Zaha Hadid；下代基因建筑艺术馆 /Zaha Hadid；台中大都会歌剧院 / 伊东丰雄（Toyo Ito）；台湾大学社科院新馆 / 伊东丰雄（Toyo Ito）；建筑农场 / 平田晃久（Akihisa Hirata）

第 5 章

图 5−2：伊东丰雄（Toyo Ito）

图书在版编目（CIP）数据

新建构/刘育东，林楚卿. —北京：中国建筑工业出版社，2011.12
ISBN 978-7-112-13589-9

Ⅰ.①新… Ⅱ.①刘…②林… Ⅲ.①数字技术-应用-建筑设计-研究 Ⅳ.①TU201.4

中国版本图书馆CIP数据核字（2011）第195589号

责任编辑：白玉美　孙书妍
责任设计：陈　旭
责任校对：肖　剑　陈晶晶

新建构
New Tectonics
迈向数字建筑的新理论
Towards a New Theory of Digital Architecture
刘育东　林楚卿
*
中国建筑工业出版社出版、发行（北京西郊百万庄）
各地新华书店、建筑书店经销
北京嘉泰利德公司制版
北京方嘉彩色印刷有限责任公司印刷
*
开本：787×960毫米　1/16　印张：13　字数：273千字
2012年1月第一版　2012年1月第一次印刷
定价：128.00元
ISBN 978-7-112-13589-9
（21351）